The Handbook of Japanese Wild Orchids
Volume 1: Warm-temperate regions

日本のラン
ハンドブック ❶低地・低山編

解説 ● 遊川知久 Tomohisa YUKAWA
写真 ● 中山博史 Hiroshi NAKAYAMA　鷹野正次 Masaji TAKANO
　　　松岡裕史 Hiroshi MATSUOKA　山下 弘 Hiroshi YAMASHITA

JN186439

文一総合出版

凡例

　日本に分布するラン科植物のすべて約300種を生育環境別に3巻に分け、本巻では主に暖温帯で見られる95種とその亜種・変種・品種・雑種を扱った。写真は可能な限り国内における自生の状態を示したが、それが困難な種類は海外の自生地や栽培品の写真を用いた。なお、確認できない種類や不明点の多い種類などについては文中紹介にとどめた。

■**アイコン**　生：生育立地　花：花期
分：分布（北＝北海道、本＝本州、四＝四国、九＝九州、琉＝琉球列島（大隅諸島以南）、伊＝伊豆諸島、小＝小笠原諸島）　R：2012年環境省第4次レッドリストのランク
- EX（絶滅）我が国ではすでに絶滅したと考えられる種
- EW（野生絶滅）飼育・栽培下でのみ存続している種
- CR（絶滅危惧ⅠA類）ごく近い将来における野生での絶滅の危険性がきわめて高いもの
- EN（絶滅危惧ⅠB類）ⅠA類ほどではないが、近い将来における野生での絶滅の危険性が高いもの
- VU（絶滅危惧Ⅱ類）絶滅の危険が増大している種
- NT（準絶滅危惧）現時点での絶滅危険度は小さいが、生息条件の変化によっては「絶滅危惧」に移行する可能性のある種
- DD（情報不足）評価するだけの情報が不足している種

■**インデックス**　亜科ごとに色分けし、下に属和名を付記した。配列は原則として Genera Orchidacearum (Oxford University Press, 1999–2014) に準拠した。

■**和名・漢字名**　漢字名は原則として橋本保著『野生ラン』（家の光協会,1991）に準拠した。

■**学名**　subsp. は亜種、var. は変種、f. は品種、×は交雑種を示す。

■**写真解説**　植物の形態に関わる情報を、写真に対応させて示した。

■**ノート**　海外における分布、生育環境、類似種との識別点、その他のトピックスなどを簡略に記した。

■**別名**

花の部分名称

アツモリソウ属

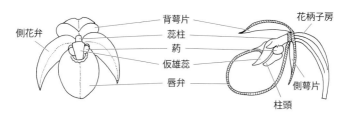

サギソウ属

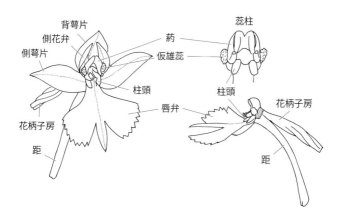

シュンラン属

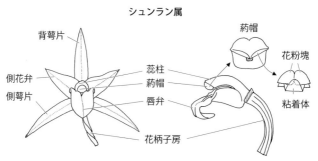

イラスト:中島睦子著『日本ラン科植物図譜』より許可を得て転載

生 地生 花 6-8月 分 北（南部）、本、四、九、琉（種子島、屋久島）、伊

ツチアケビ【土通草】

Cyrtosia septentrionalis (Rchb.f.) Garay

❶開花時の高さ 50–100cm。褐色で太く丈夫な花茎が直立し、分枝しつつ多数の花をつける。株立ちになることもある。❷花は萼片、側花弁ともに長さ 17–25mm で黄褐色。唇弁は広卵形で黄色、周辺が波打ち白い蕊柱を囲む。❸たいへん珍しい黄色花の個体。果実も黄色になる。❹果実は長さ 6–10cm、ソーセージの形で赤く目立つ。

☞海外では中国南西部、朝鮮半島に分布。冷温帯〜暖温帯の落葉広葉樹林の林床に自生し、ときに都市緑地にも現れる。バニラ亜科では最も北方に進出した種である。従来 *Galeola* 属に分類されてきたが、液果であることから *Cyrtosia* 属に入れることが適当である。自動自家受粉を行い昆虫による送粉は稀と考えられる。葉をもたず光合成をしない菌従属栄養植物で、ナラタケ属に寄生。ラン科としては稀な液果で、鳥に食べられて種子散布されると考えられる。果実には強壮効果があるとされ、果実酒などに利用される。和名は地面から生えるアケビの意で、果実の形をなぞらえたもの。

生 地生 花 5-6月 分 本（岩手県以南）、四、九、琉、伊

ムヨウラン【無葉蘭】　　　　　　　　　　　スケロクラン

Lecanorchis japonica Blume var. *japonica*

バニラ亜科

ムヨウラン属

❶開花時の高さ 20–50cm、3–10個の花をつける。10本以上の花茎が立つこともある。❷花は萼片、側花弁ともに長さ 15–25mm、黄褐色が普通だが、個体変異が大きい。唇弁には黄色の毛が密生し目立つ。❸冬に果実が裂開し種子を散布した後も、枯れた茎と果実が残る。

🌿 海外では中国南東部、台湾、朝鮮半島南部の島嶼に分布。暖温帯〜亜熱帯の落葉広葉樹林、アカマツ林、常緑広葉樹林の林床に生育する。葉をつけず光合成しない菌従属栄養植物で、ベニタケ属やチチタケ属に寄生。花の開き方には個体差が大きく、よく開く個体ではシナモンのような香りがするものもある。変種としては後述する2変種のほか、西表島からヤエヤマスケロクラン var. *tubiformis* T.Hashim. が記載されている。和名は葉がないことに因む。

生 地生 花 5–6月 分 本（東北地方以南）、四、九、琉

ホクリクムヨウラン【北陸無葉蘭】

Lecanorchis japonica Blume var. *hokurikuensis* (Masam.) T.Hashim.

❶開花時の高さ20–40cm。3–8個の花をつける。❷花は紫色を帯びほとんど開かず、やや下垂する。ムヨウランと同じく唇弁の黄色い毛が目立つ。❸本種とキイムヨウランが混生する自生地に生える両者の中間的な個体。

☞ムヨウランの変種。独立種とする見解もある。ムヨウランとは花被片全体が紫色を帯びることと、花があまり開かないことで区別できる。蕊柱の先端寄りの側部の切れ込みや子房の小突起もホクリクムヨウランの特徴とする見解があるが、安定した形質ではない。北陸地方の自生地では、海岸沿いのうっそうとした常緑広葉樹林下に疎らに生え、大株になることもある。基準産地は富山県。1963年に正宗厳敬によって記載された。和名は発見地に因む。

生 地生 花 5-6月 分 本（関東地方以西）、四、九

キイムヨウラン【紀伊無葉蘭】

Lecanorchis japonica Blume var. *kiiensis* (Murata) T.Hashim.

❶開花時の高さ 20-40cm。3-8 個の花をつける。植物体全体が黄色く目立つ。前年の開花後にできた果実が裂開したまま残っている。❷つぼみ。この個体の花はほとんど開かなかった。❸花はあまり開かない。花被片は長さ約 2cm。唇弁の上部に毛を密生する。

☞ムヨウランの変種とされているが、ホクリクムヨウランとは花が全開しない形質が共通することから、ホクリクムヨウランの花色変異品とする見解もある。花色はキバナエンシュウムヨウラン（p.9）によく似ているが、全体に大きい。暖温帯の常緑広葉樹林の林床に生育するが、これまでに報告された自生地は少ない。本変種は 1974 年に和歌山県新宮市で発見され、1975 年に村田源により記載されたもので、和名は発見地に因む。

生 地生 花 5–7月 分 本（関東地方以南）、四、九、琉（奄美大島以北）、伊 R NT

ウスキムヨウラン【薄黄無葉蘭】　　ウスギムヨウラン
Lecanorchis kiusiana Tuyama

❶開花時の高さ 7–30cm。ムヨウラン属では小柄。2–8 個の花をつける。❷花柄子房が花序からあまり離れず、やや上向きに咲く。❸花は萼片、側花弁ともに長さ 11–15mm、淡黄褐色であまり開かず、唇弁は白色地に赤紫色の毛が目立ち、反り返る。

☞海外では台湾、韓国の済州島に分布。暖温帯の常緑広葉樹林林床に生育し、しばしば大きな群落になる。菌従属栄養植物で、チチタケ属やベニタケ属に寄生。花色には個体変異があり、黄色の花のものは高知県産の標本に基づきキバナウスキムヨウラン f. *lutea* Y.Sawa, H.Fukunaga & S.Sawa と呼ばれる。ムヨウラン(p.5)に似るが、本種はエンシュウムヨウランとともに、より小型であること、唇弁の縁に乳頭状突起があること、根が細いことなどで区別できる。自動自家受粉で繁殖することが知られている。和名は花色に因み、津山尚が本種を記載したときに命名した。「ウスギムヨウラン」と表記されることが多いが、初出の表記に従った

生 地生 花 5–6月 分 本（関東・東海地方）、四、九

エンシュウムヨウラン【遠州無葉蘭】

Lecanorchis suginoana (Tuyama) Seriz.

❶開花時の高さ15–30cm。3–6個の花をつける。植物体全体が黄褐色を帯びる。花は筒状で完全には開かない。果実が裂開し種子を散布した後も、枯れた茎と果実が残っている。❷花は淡褐色で唇弁の毛は黄色。❸キバナエンシュウムヨウラン。植物体全体が黄色。

☞海外では台湾北・中部に分布。暖温帯の常緑広葉樹林や落葉広葉樹林の林床に生育する菌従属栄養植物。近縁のウスキムヨウランからの区別点は、唇弁の中央裂片に生える毛が黄色く赤紫色を帯びないこと、唇弁の毛の分枝が疎らで分枝した細胞が長いこと、開花期が早いことなどである。本種をウスキムヨウランの変種とする見解もあるが、結論は将来の研究に委ねる。和名は静岡県春野町（現浜松市）で最初に発見されたことに基づく。品種には、植物体に赤みがなく全体が鮮やかな黄色のキバナエンシュウムヨウラン f. *flava* Seriz.（写真❸）がある。

生 地生 花 8月 分 本（栃木・茨城県以西）、四、九、琉、伊

クロムヨウラン【黒無葉蘭】
Lecanorchis nigricans Honda

バニラ亜科

ムヨウラン属

❶開花時の高さ 15–30cm。花序あたり 5–10 個の花をつける。花の寿命が短いため同時に開花するのは 1 つの花序あたり 1–2 個。花序は黒色で硬く、地上で複数年にわたって分枝する。❷花序。❸花は萼片、側花弁ともに 12–17mm、淡い黄褐色。唇弁はさじ状、先端が紫色を帯び、基部は蕊柱と合着する。

☞海外ではタイ、中国福建省、台湾北部に分布。常緑広葉樹林の林床で比較的乾いた尾根筋に生育することが多い。担子菌門のベニタケ属、チチタケ属に寄生する菌従属栄養植物。花の寿命は短く、午前中に開花して午後には閉じる。また、開かず落下する花も多い。屋久島から記録されたヤクムヨウラン var. *yakusimensis* T.Hashim. と高知県から見出されたムロトムヨウラン *L. amethystea* Sawa, H.Fukunaga & S.Sawa を本種から区別する見解もある。

生 地生　花 6–8月　分 本（和歌山県）、四（徳島県）、九、琉、伊　R CR

アワムヨウラン【阿波無葉蘭】
Lecanorchis trachycaula Ohwi

バニラ亜科

ムヨウラン属

❶開花時の高さ20–50cm。多数の花をつけるが、同時に咲くのはひとつの花序あたり1–2個。茎は地上で分枝し、黒色で硬く、短い突起が疎らにある。❷花序。❸萼片、側花弁ともに長さ約15mm、淡い黄褐色。唇弁は蕊柱と合着し、細長いさじ状、白色でかすかに紅色を帯びる。

☞海外では台湾北部に分布。常緑広葉樹林の林床に生育するがきわめて稀である。担子菌門のベニタケ科、アテリア科に寄生する菌従属栄養植物。クロムヨウランと近縁で、花序が地上で複数年にわたって分枝すること、花期が遅いことなどは、他の本土産ムヨウラン属では見られない両種に共通の特徴である。ウスキムヨウラン（p.8）に似るが、短い突起があり地上で分枝する茎、縁に乳頭状突起がない唇弁などで区別できる。徳島産標本に基づいて、大井次三郎が1965年に記載した。

生 地生 花 5月 分 九（宮崎県）、琉（屋久島） R CR

ミドリムヨウラン【緑無葉蘭】
Lecanorchis virella T.Hashim.

❶開花時の高さ約 30cm。緑褐色の花を花序あたり 3–5 個つける。茎は緑色を帯びた黄褐色。❷前年の果実は裂開した後も乾いたまま残り、次の開花を迎える。❸萼片はよく開き長さ約 17mm。唇弁は長さ約 13mm、3 裂し、中央裂片は横長の方形、分枝する黄色の長毛を密生する。

☞海外では台湾北部に分布することが最近わかった。常緑広葉樹林の林床に生育するが分布域が狭く希少である。担子菌門のチチタケ属、ベニタケ属に寄生する菌従属栄養植物。ムヨウランに似るが、本種は花弁が緑色を帯び、唇弁の中央裂片が横長の方形になることで区別できる。屋久島産の標本に基づいて、1989 年に橋本保が記載した。屋久島の限られた場所でしか自生が知られていなかったが、近年、宮崎県各地で自生地が見つかっている。

生 湿生 花 5-7月 分 北、本、四、九、伊 R NT

トキソウ【朱鷺草】
Pogonia japonica Rchb.f.

❶開花時の高さ 10-30cm。淡紅紫色の花を1個つける。葉は披針形、長さ 4-10cm、茎の中ほどに1枚つける。茎の基部には膜質の鱗片葉をつけ、先端には葉状に発達した苞をつける。❷花被片は長さ 20-25mm。側花弁と唇弁には濃紅紫色の筋が入り、唇弁には肉質突起が全体に密生する。

☞海外では中国〜極東ロシア、朝鮮半島に分布。冷温帯〜暖温帯の日当たりのよい湿地に生育し、群生する。送粉にはハチに加えてアザミウマが貢献している。根はときに長さ 1m におよび、途中から不定芽を出して繁殖する。DNA 情報を使った解析の結果、アジアのトキソウ属は、第三紀に北米からベーリング海峡の陸橋づたいに分布を拡大させたと推定される。花色に変異があり、白花のものはシロバナトキソウ f. *pallescens* Tatew.（写真❸）と呼ばれる。イトザキトキソウ f. *linealipereantha* Satomi & Osawa は青森県で発見された側花弁の幅が狭い品種。

生 地生 花 4–5月 分 北（南部）、本、四、九、伊 R VU

クマガイソウ【熊谷草】
Cypripedium japonicum Thunb.

❶開花時の高さ20–40cm。葉は扇形、縦じわが目立ち、裏面には軟毛を敷く。葉の長さ10–15cm、幅10–20cm、頂部に2枚つける。葉の間から花序を伸ばし、花を1個つける。❷❸花は径約10cm、萼片と側花弁は淡黄緑色でよく開く。背萼片は長さ4–5cm、唇弁は袋状で淡い肌色に紅紫色の筋が入る。唇弁の上部から蕊柱が露出し、両側に葯を2個つける。

☞海外では中国東部、朝鮮半島に分布。暖温帯の落葉広葉樹林、杉林、竹林などの暗い林床に生える。マルハナバチが花粉の運び手であることが日本と中国で確かめられている。菌根菌は担子菌門のツラスネラ科。クマガイソウは扇形の大きい葉をつける点で同属の他種から区別できる。茨城県の限られた場所には葉が無毛のヒタチクマガイソウ var. *glabrum* M.Suzuki が分布する。唇弁に紅紫色を呈さないものをキバナクマガイソウ f. *urasawae* T.Koyama という。台湾に分布するタイワンクマガイソウ *C. formosanum* Hayata は別種とするのが適当である。

クマガイソウの群落　里山ではときに大群落をつくる。多数の個体があるように見えるが、少数の個体が地中の根茎で広がっていることが多い。

生 岩生 花 6–7月 分 本（関東地方以西）、四、九 R EN

ヒナラン【雛蘭】

Amitostigma gracile (Blume) Schltr.

❶開花時の高さ 8–20cm。葉は長楕円形でややうねり、長さ 3–8cm、幅 1–2cm、茎の基部の少し上に 1 枚つき、基部は茎を抱く。地中では塊根が発達する。❷花序あたり 5–30 個の花をややまばらにつける。❸花は桃色、萼片と側花弁は長さ 2.5mm、側花弁と萼片が兜状になる。唇弁は長さ 3.5–4mm、3 裂し前方に張り出す。距は長さ 1–2mm。

☞海外では中国、朝鮮半島、台湾に分布。暖温帯の木陰の湿った岩壁や崖地に生育する。静岡県より西の低山に分布するが、少し離れて茨城県と栃木県にも自生する。日本産の本属の種では最も花が小さく、平開しない。ヒナラン属はヒマラヤ～中国にかけて広く分布するが、DNA 情報を使った研究でひとつの系統群ではないことがはっきりしたので、属レベルの分類の見直しが必要である。たとえばヒナランは、同属の他種よりも別属のミヤマモジズリ（2 巻所収）とより近縁である。種小名 *gracile* はほっそりした、きゃしゃな、の意。

生 岩生 花 4-6月 分 本（中部地方以西）、四、伊 R EN

イワチドリ 【岩千鳥】

Amitostigma keiskei (Finet) Schltr.

チドリソウ亜科　ヒナラン属

❶開花時の高さ 5-15cm。花序あたり 1-10 個の花をつける。❷葉は長楕円形で長さ 3-7cm、幅 6-15mm、茎の下部に 1 枚つける。地中では塊根が発達する。❸花は淡紅紫色、唇弁には 2 列の紅紫色の斑点が入る。萼片と側花弁は長さ 3.5-5mm、側花弁と萼片が兜状になる。唇弁は 4 裂して前方に張り出す。距は長さ 1.5-2.5mm。

☞日本固有種。暖温帯低地の川岸の岩場に生育する。ヒナランと比べ花が大きく、花数が少なく、唇弁が 4 裂する点が異なる。花形や花色の変異が多く、白色花の個体もある。種小名の *keiskei* は本草学と近代植物学の橋渡しに重要な役割を担った伊藤圭介に因む。和名は唇弁の形を鳥に見立て、岩場に生育することから名付けられた。コアニチドリ（2 巻所収）との自然交雑種と思われる個体も存在する。

生 地生 花 8–10月 分 伊

ニイジマトンボ【新島蜻蛉】

Habenaria crassilabia Kraenzl.

チドリソウ亜科 / ミズトンボ属

❶開花時の高さ 13–28cm。葉は楕円形〜倒披針形、長さ 3–8.4cm、幅 12–18mm、地際に 3–5 枚つける。❷花は淡緑色、花序あたり 8–15 個の花をつける。❸背萼片と側花弁は長さ約 3mm、兜状になる。唇弁は 3 裂、側裂片と中央裂片は直角をなし、中央裂片は上方へ反り返る。距は長さ約 4.5mm。

☞海外では中国雲南省、韓国の済州島に分布。暖温帯の常緑広葉樹と落葉広葉樹の混生したやや明るい林床に生育する。日本では 2003 年に伊豆諸島の新島で発見され、2011 年に発表された。イヨトンボに似るが、唇弁の側裂片がひげ状に伸びない点が異なる。自生地では 150 個体ほど確認されているが、開花する個体は少ない。今のところ、日本での分布は新島だけだが、中国大陸や済州島に分布することから、国内の他の地域でも発見されるかもしれない。ミズトンボ属は世界各地に約 600 種が分布するが、日本では本種を含め 7 種が分布するのみである。

生 地生 花 8-10月 分 本（関東地方以西）、四、九 R EN

イヨトンボ【伊豫蜻蛉】

Habenaria iyoensis (Ohwi) Ohwi

❶開花時の高さ10-25cm。葉は広倒披針形、長さ3-7cm、幅1-2cm、地際に3-8枚つける。❷花は淡黄緑色、花序あたり3-15個の花をつける。❸花は径5-7mm、萼片と側花弁は長さ3mm、背萼片と側花弁は兜状になり側萼片は平開する。唇弁は長さ約4mm、基部で3裂、中央裂片は下垂し、側裂片はねじれて横に広がる。距は長さ約1cm。

☞海外では台湾に分布。暖温帯〜亜熱帯の湿り気の多い土手、法面などに生育するが、自生地の数は少ない。唇弁の側裂片が細長く伸びる点でムカゴトンボ属（p.24）の種に似るが、茎の基部にロゼット状に展開する葉によって区別できる。さらにムカゴトンボ属とミズトンボ属では柱頭の形態が異なる。前者の柱頭は団子状で唇弁の基部に密着するが、後者の柱頭は棒状で長く、唇弁から離れてのびる。和名は愛媛県で最初に発見されたことに因んで、牧野富太郎が名づけた。

生 湿生 花 8–9月 分 本（関東地方以北） R EN

オオミズトンボ【大水蜻蛉】

サワトンボ

Habenaria linearifolia Maxim. var. *linearifolia*

❶開花時の高さ40–60cm。葉は線形、長さ10–20cm、幅3–6mm、茎の下部に数枚つく。地中では塊根が発達する。❷花序あたり5–15個の花をつける。❸背萼片と側花弁は白色、背萼片は長さ6–7mm。唇弁は淡緑色で十字形、距は下垂し長さ2.5–4cm。

☞海外ではシベリア～中国東南部、朝鮮半島に分布。主に冷温帯の日当たりのよい湿原に生育する。個体数は少ない。北海道に分布するという記録もあるが確かなことはわからない。ミズトンボに似るが、本種は萼片と側花弁が白く、距が長くて先端が丸く膨らまない、ミズトンボの茎の横断面は三角形だが本種は円形、といった点で区別できる。ヒメミズトンボ var. *brachycentra* H.Hara（2巻所収）は本種の変種とされ、花が小さく距が短い。また分布はより寒冷地に偏る。

生 湿生 花 8–9月 分 北（南部）、本、四、九 R VU

ミズトンボ【水蜻蛉】
Habenaria sagittifera Rchb.f.

❶開花時の高さ 40–80cm、茎は三角柱状。葉は線形、長さ 5–20cm、幅 3–6mm、茎の下部に数枚つく。地中では塊根が発達する。❷花序あたり約 10 個の花をつける。❸花は淡緑色、背萼片は長さ 4mm、側花弁と萼片は平開する。唇弁は十字形、距は長さ約 1.5cm、先が丸く膨らみ下垂する。

☞ 海外では中国東北部〜東南部に分布。暖温帯低地〜山地の日当たりのよい湿原に生育する。周囲の草にうずもれるので、花が咲かないと気づかないことが多い。サギソウ（p.23）と同じ場所に生える場合もあるが、花期はサギソウより遅い。キリギリス科のセスジツユムシの幼虫が花粉塊を食べることが知られており、送粉に貢献している可能性がある。本種とサギソウとの人工交雑種としてスズキサギソウが知られていたが、近年、自然交雑で生まれた同じ組み合わせと思われる個体が野外で発見された。前川文夫は和名の由来を、つぼみの膨らみをトンボの目玉に連想したものと推定している。

生 地生 花 4-9月 分 北（南部）、本、四、九、琉、伊 R EN

ムカゴソウ【零余子草】

Herminium lanceum (Thunb. ex Sw.) Vuijk

❶開花時の高さ 20–45cm。葉は線形、長さ 8–20cm、幅 5–12mm、茎の中ほどに 2–5 枚つける。地中では塊根が発達する。❷総状花序に径 5mm の小さな花を多数つける。❸花は淡緑色、背萼片は長さ 2–2.5mm、萼片と側花弁は兜状になり開かない。唇弁は下垂し長さ 5–8mm、3 裂し、中央裂片は小さく、両側の側裂片が足のように伸びる。距はない。

☞海外では亜寒帯～熱帯アジア、ニューギニア島に分布。やや湿った草地に生育することが多い。ラン科で最も幅広い気候帯に分布する種のひとつ。ムカゴソウ属は日本に本種とクシロチドリ（2 巻所収）の 2 種が分布する。花、特に唇弁の形態の変異が大きく、日本産は変種 var. *longicrure* (C.Wright ex A.Gray) H.Hara として区別されることが多かった。しかし最近では形態の変異が連続的と見なされ、区別しないことが多い。ムカゴトンボ（p.24）と似るが、葉が細長いこと、花数が多いこと、唇弁の形が異なること、距がないことで区別できる。和名は地下の丸い塊根をムカゴに見立てたもの。

生 湿生 花 7–9月 分 北、本、四、九 R NT

サギソウ【鷺草】
Pecteilis radiata (Thunb.) Raf.

❶開花時の高さ15–40cm。葉は広線形、長さ5–10cm、幅3–6mm、茎の下部に3–5枚つける。地中では塊根が発達する。❷花序あたり1–5個の花をつける。❸花は径約3cm。萼片は緑色、長さ2–2.5mm。側花弁と唇弁は白く、唇弁は3裂し、扇型に展開した側裂片の先が糸状に裂ける。距は長さ3–4cm、先端にかけて太くなり下垂する。

☞海外では極東ロシア、中国東部、朝鮮半島に分布。低地の日当たりのよい湿地に生え、しばしば群落となる。湿地が失われるとともに激減した。夜はスズメガ、昼間はアザミウマと、時間によって送粉者を変える繁殖戦略を取っている。ダイサギソウ（3巻所収）に似るが、本種は花数が少なく、唇弁の切れ込みが浅い。名前の由来は唇弁をシラサギの舞う姿に見立てたもの。サギソウ属は2つの葯が広く離れること、柱頭に柄がなく唇弁の基部につくこと、蕊柱の形態の異なることなどの点からミズトンボ属から区別できる。

生 地生 花 8–10月 分 本（関東地方以西）、四、九、琉（奄美大島以北）、伊 R EN

ムカゴトンボ【零余子蜻蛉】

Peristylus densus (Lindl.) Santapau & Kapadia

❶開花時の高さ 20–50cm。葉は広披針形、長さ 4–10cm、幅 1–2.5cm、茎の下部に 3–5 枚つける。❷径 5–6mm の淡黄緑色の花を多数つける。❸背萼片と側花弁は兜状になり、側萼片はやや開き上を向く。唇弁は長さ 3–4mm、基部で 3 裂、中央裂片は舌状、側裂片はひげ状でねじれ長さ 6–7mm。距は長さ 3–4mm。

☞外では東アジアの暖温帯域、インドシナ、東ヒマラヤに分布。暖温帯～亜熱帯の日当たりのよい湿った草地や法面に生育する。先駆種の性質をもち、新しく開けた場所によく出現する。日本の個体にはこれまで *P. flagellifer* (Makino) Ohwi ex K.Y.Lang を充てていたが異名である。イヨトンボに似るが全体に大きく、葉がまばらにつき距が短い。またムカゴソウと異なり距を生じる。宮崎県で見つかった唇弁の側裂片が 10–12mm と長くなる個体をヒゲナガトンボ var. *yosiei* H.Hara と呼ぶ。種子島に分布するダケトンボ *P. hatusimanus* T.Hashim. は、葉の位置がより上でまばらにつき、唇弁の側裂片が最大 21mm と長い点で本種から区別できるとされる。

生 地生 花 6-8月 分 九、琉（奄美大島以北） R EN

ニイタカチドリ【新高千鳥】

ツクシチドリ

Platanthera brevicalcarata Hayata

❶開花時の高さ 10–15cm。葉は長楕円形、縁が波打ち、長さ 3–4.5cm、幅 2cm、茎の下部に 1–2 枚つけ、さらに上部に鱗片葉を 1–3 枚つける。❷花は白色、萼片の中脈は緑色を帯び径 5mm、花序あたり 2–10 個つける。背萼片と側花弁は兜状になり、側萼片は平開する。唇弁は楕円状舌形、長さ 2–4mm。❸生育中の果実。

☞海外では台湾に分布するほか、近年、韓国の済州島で発見された。暖温帯上部の山地の常緑広葉樹林や針葉樹林の林床に生育する。日本の個体は台湾のものに比べて葯隔が狭いとされ、亜種ツクシチドリ subsp. *yakumontana* (Masam.) Masam. として区別されたこともある。本種は柱頭が高く突き出ている点で、ツレサギソウ属の他種と著しく異なっている。また開花後、柱頭の発達するとともに花粉塊と接触して自動自家受粉を行う特異な自動自家受粉の様式をもつ。和名は台湾の主峰である玉山の旧称、新高山で発見されたことに因む。

チドリソウ亜科 ツレサギソウ属

生 湿生 花 6–8月 分 北、本、四、九

ミズチドリ【水千鳥】　　　　　ジャコウチドリ
Platanthera hologlottis Maxim.

❶ 開花時の高さ 50–90cm。葉は線状披針形、長さ 10–20cm、幅 1–2cm、茎の下半分にまばらに 4–6 枚つけ、その上に数枚の鱗片葉をつける。
❷ 花は白色、径 8–10mm、芳香があり、花序あたり 30–60 個を密につける。
❸ 背萼片は楕円形、長さ 4.5–5.5mm、側花弁とともに兜状にまとまる。側萼片は狭長楕円形、長さ 5–5.5mm、横に広がる。唇弁は舌状で倒披針形。距は長さ 9–12mm、下垂する。

☞ 海外ではシベリア、極東ロシア、中国、朝鮮半島に分布。暖温帯〜亜寒帯の明るい湿地や林縁に生育する。ヤガ科のキクキンウワバのほか、セセリチョウ科、シロチョウ科が送粉者として記録されている。日本のツレサギソウ属の中では一番大型となる。根は多肉だが膨らまず、水平に広がる。根の途中から不定芽が出てふえるのはトンボソウなどと共通する特徴。花の香りが良いのでジャコウチドリとも呼ばれる。和名は水湿の地に生えることに因む。

生 岩生 花 7–8月 分 北（南部）、本、四、九、伊 R EN

イイヌマムカゴ【飯沼零余子】
Platanthera iinumae (Makino) Makino

チドリソウ亜科

ツレサギソウ属

❶開花時の高さ20–40cm。葉は長楕円形または倒卵状長楕円形、周辺が波打ち、長さ8–15cm、幅2–4cm、茎の中ほどに2–3枚をつける。❷小さな花を多数つける。萼片と側花弁は淡緑色、長さ1.5–2mm、兜状になる。唇弁は白く舌状、前方に突き出し、2–3mm。距は長さ1–1.5mm、棍棒状で下垂する。

☞日本固有種。全国の山地の林床や林縁に生育するが自生地は少なく、群生することはまれ。日本のツレサギソウ属では最も小さい花をつけ、白い唇弁が突き出て目立つ。唇弁や蕊柱の形態の特徴から、これまでトンボソウなどともにトンボソウ属 *Tulotis* を区別する見解が広く支持されてきたが、近年のDNA情報を使った研究の結果、ツレサギソウ属に含めることが適当であることがわかった。和名と種小名は、江戸時代の本草学者、飯沼慾斎に因む。その著書『草木図説』ではじめて認識され、牧野富太郎が学名と和名を与えた。

生 地生 花 5–8月 分 北、本、四、九、伊

ツレサギソウ 【連れ鷺草】

Platanthera japonica (Thunb.) Lindl.

❶開花時の高さ 30–60cm。葉は披針形、長さ 12–20cm、幅 4–7cm、やや厚く、茎の下部に 4–6 枚をつける。❷花は淡緑色〜白色、花序あたり 10–20 個をつける。❸花は径 15mm、背萼片と側花弁は長さ 6–7mm、兜状になり、側萼片は後方に反る。唇弁は長さ 13–15mm、舌状で下垂し、基部に突起がある。距は長さ 3–4cm、子房に沿って伸びる。

☞海外では中国、朝鮮半島に分布。冷温帯〜暖温帯の明るくやや湿った草地あるいは林縁に生え、ときに群生する。花粉の運び手は主にホウジャクなどのスズメガ科の可能性が高い。トンボソウ、ミズチドリなどと同じく、地中で水平に伸びる多肉のひも状根から不定芽をを出して繁殖する。唇弁の基部の両側の突起は、日本の他のツレサギソウ属の種では見られない。ヒマラヤに自生する *P. arcuata* Lindl. を本種と同種とする見解もあるが、誤りだろう。和名は、シラサギが連れ立っている様子に花を見立てたものという。

生 地生　花 5-6月　分 本(西部)、四、九

ハシナガヤマサギソウ【嘴長山鷺草】　　オオバナヤマサギソウ

Platanthera mandarinorum Rchb.f. subsp. *mandarinorum* var. *mandarinorum*

チドリソウ亜科

ツレサギソウ属

❶開花時の高さ20-50cm。葉は広線形〜線状長楕円形、長さ5-8cm、幅10-17mm、茎の下部に4-6枚つける。❷花は淡黄緑色、花序あたり5-20個をつける。背萼片は広卵形、長さ4.5-7.5mm。唇弁は披針形、長さ9-13mm、下垂する。側花弁はゆがんだ卵形、先が細くなりつつ上方に突き出し、長さ7-10mm。距は長さ2.5-3.5cm、後方に水平に伸びる。

🕊海外では中国に分布。暖温帯のやや乾いた草地(しばしば石灰岩地)に生育する。日本産広義ヤマサギソウ類は基準亜種のハシナガヤマサギソウを含むsubsp. *mandarinorum*、タカネサギソウを含むsubsp. *maximowicziana*、ハチジョウチドリを含むsubsp. *hachijoensis*の3亜種からなり、それぞれが複数の変種を含むとする見解を本書では採用する。subsp. *mandarinorum*にはハシナガヤマサギソウ、マイサギソウ、ヤマサギソウの3変種が含まれる。スズメガ科のコスズメが花粉を運ぶことが確認されている。他の変種と比べ距が長く、水平に伸びることで区別される。

生地生 花 6–7月 分 北、本、四、九、伊

マイサギソウ【舞鷺草】

Platanthera mandarinorum Rchb.f. subsp. *mandarinorum* var. *neglecta* (Schltr.) F.Maek. ex K.Inoue

❶開花時の高さ 20–50cm。葉は広線形〜線状長楕円形、長さ 7–12cm、4–6枚つけ、基部で茎を抱かない。❷花は白緑色、やや疎らに花序あたり 15個程度つける。❸花は白緑色。背萼片は広卵形〜円形、長さ 3.5–5.5mm、幅 3.5–6mm。側萼片は長さ約5.5mm。唇弁は下垂する。距は長さ 11–18mm、上方に伸びる。

☞海外では中国山東半島、朝鮮半島に分布。冷温帯〜暖温帯の明るい草原、湿地に生育する。ハシナガヤマサギソウ、ヤマサギソウとともに同じ亜種内の変種として区別される。他の変種からは、距が立ち上がり、背萼片がほとんど円形に近く、側花弁と背萼片が同じ高さになることで区別できるとされるが、はっきり区別できない個体も見られる。ヤマサギソウ類の分類は未決着と言ってよいだろう。和名は、距がねじれながら立つ形をサギが舞っているさまに見立てたもの。

生 地生　花 5–7月　分 北、本、四、九、伊

ヤマサギソウ【山鷺草】

Platanthera mandarinorum Rchb.f. subsp. *mandarinorum* var. *oreades* (Franch. & Sav.) Koidz.

❶開花時の高さ 20–40cm。葉は線形〜広線形、長さ 4.5–11cm、幅約1.5cm、茎の下部に 1–2枚、その上に数枚の鱗片葉をつける。❷花は淡黄緑色、花序あたり 5–15個をつける。❸背萼片は広卵形、長さ 3–5mm、幅2.5–4mm。側花弁は上方に伸びる。唇弁は舌状で先細となり下垂する。距は約7–12mm、後方に水平に伸びる。

☞海外では朝鮮半島に分布。冷温帯〜暖温帯の草原、湿地に生育する。マイサギソウと似た環境に生育するので、両者が混生していることもある。ヤガ科のミツモンキンウワバが花粉を運ぶことが確認されている。ハシナガヤマサギソウ、マイサギソウからは、距が水平またはやや下がて伸びること、距が短いことで区別できるとされるが、変異が連続的に見える。和名は花をサギに見立て、山地に生えることに因む。

生 生地 花 4–6月 分 伊

ハチジョウチドリ【八丈千鳥】

Platanthera mandarinorum Rchb.f. subsp. *hachijoensis* (Honda) Murata var. *hachijoensis*

❶開花時の高さ15–30cm。茎が太く、全体にがっしりしている。葉は広長楕円形～楕円形、長さ4.5–12cm、幅2–6cm、光沢があり、茎の下部に2–3枚つける。❷花は淡黄緑色、花序あたり10–20個をつける。背萼片は狭卵形、長さ5.5–7mm、側花弁は上方に伸び、唇弁は舌状、長さ10mm、側萼片とともに後方に反る。距は長さ10–16mm。苞は長さ1.5–4cm、最大の苞は子房よりはるかに長い。❸稀に樹幹に着生することもある。

☞日本固有の分類群。他の亜種との関係はハシナガヤマサギソウ（p.29）を参照。アマミトンボ、アマミトンボモドキ（いずれも3巻所収）と変種のランクで区別される。他の変種からは、草丈が低く、葉が幅広く、基部で茎を抱き、唇弁の距が短い点で区別される。花粉の運び手はシャクガ科、ヤガ科、メイガ科で、エグリヅマエダシャク（シャクガ科）が中心的な役割を果たしている。ハチジョウツレサギ（p.34）と分布・花期が重なり、まれに両者の雑種ハチジョウアイノコチドリ *P.* ×*okubo–hachijoensis* K.Inoue が見られる。

生 地生 花 6–7月 分 本（岩手県以南）、四、九、伊

オオバノトンボソウ 【大葉の蜻蛉草】　　　ノヤマトンボ
Platanthera minor (Miq.) Rchb.f.

チドリソウ亜科

ツレサギソウ属

❶開花時の高さ 20–50cm。葉は長楕円形、長さ 7–12cm、幅約 3cm、茎の下部に 2 枚つく。葉や茎の稜が著しく目立つ。❷花は 5–25 個下向きにつける。❸花は淡黄緑色。背萼片は長さ 4–5mm、側花弁と兜状になる。側萼片は長さ 6–7mm、後ろに反る。唇弁は長さ 5–7mm、先端は後ろに反る。距は長さ 12–18mm、斜め下に伸びる。

☞海外では中国東部〜南部、台湾、朝鮮半島に分布。暖温帯の落葉広葉樹林やマツ林の林床、都市緑地でもよく見られる。関東では最もふつうに見られるツレサギソウ属の種である。主な菌根菌は担子菌門のケラトバシディウム属。伊豆諸島の御蔵島には距の短い個体があり、変種ミクラトンボソウ var. *mikurensis* Hid.Takah. として発表されている。日本には類縁の高い種はないが、周北極分布する *P. obtusata* (Banks ex Pursh) Lindl. と縁が近い可能性がある。和名は葉の大きいトンボソウの意。

生 地生　花 4–5月　分 伊　R CR

ハチジョウツレサギ【八丈連れ鷺】
Platanthera okuboi Makino

❶開花時の高さ 20–45cm。葉は長楕円形〜楕円形、長さ 10–25cm、幅 2–5cm、茎の下部に 2–3 枚つけ、上部には披針形の鱗片葉を数枚つける。❷花はやや緑を帯びた白色、花序あたり 10–40 個をつける。❸背萼片は広卵形〜披針形、長さ 6–8mm、側花弁とともに兜状になる。側萼片は卵形〜披針形、長さ 8–10mm、よく開き斜め下にのびる。唇弁は舌状で下垂し、長さ 9–11mm。距は長さ 2.5–4.5cm、花柄子房にそって後方に伸びながら下垂する。

☞日本固有種。伊豆諸島の海岸沿い〜山地の明るい草地や林下に生育する。花は日没後、甘いジャスミンのような香りを放つ。スズメガ科のミスジビロードスズメが花粉を運ぶことが確認されている。北海道に分布するエゾチドリ（2 巻所収）は近縁で、いずれも地表近く 2–3 枚の大きな葉をつける。これらはヨーロッパに分布する *P. bifolia* (L.) L.C.Rich. や *P. chlorantha* (Custer) Rchb. と近縁だが、どのようにして分布を広げたかまだわかっていない。

生 地生　花 5–7月　分 本（紀伊半島）、九（大分県、宮崎県）　R CR

ソハヤキトンボソウ【襲速紀蜻蛉草】
Platanthera stenoglossa Hayata subsp. *hottae* K.Inoue

❶開花時の高さ 15–25cm。葉は卵形、長さ 3–10cm、幅 2–4.5cm、茎の中ほどから下に 1 枚ないし 2 枚つけ、2 枚目は苞葉状になる。最も下の花の苞は 8–19mm、花柄子房より長い。❷花は淡黄緑色、花序あたり 4–12 個を疎につける。❸花は径約 6mm。背萼片は楕円形、長さ 3.5–4.5mm、側花弁はゆがんだ卵形、長さ 5–6.5mm、側萼片は線形〜鎌形、長さ 5.5–7.5mm、うしろに反る。唇弁は舌状、長さ 7–8mm。距は長さ 1–1.5cm。

☞日本固有の分類群。暖温帯山地の渓流沿いの湿った岩場に生育する。基準亜種のタイトントンボソウ subsp. *stenoglossa* は台湾固有で、琉球列島には別の亜種イリオモテトンボソウ（3 巻所収）がそれぞれ分布する。これらは、葉の形、もっとも下の苞の長さ、花の形態などにより 3 つの亜種に分けられている。種としては地際に卵形の大きな葉を 1 枚つけることで、他のツレサギソウ属の種と区別できる。和名は、この植物の分布パターンが、植物地理学の襲速紀型分布と一致することに因む。

生 地生 花 7–9月 分 北、本、四、九、伊

トンボソウ【蜻蛉草】

Platanthera ussuriensis (Regel) Maxim.

❶開花時の高さ15–35cm。葉は狭長楕円形〜広倒披針形、長さ5–15cm、幅1–3cm、茎の下部に2枚をやや接してつける。❷花序あたり5–15個の花をつける。❸花は淡緑白色。背萼片と側花弁はともに1.5–2mm、重なって兜状になる。側萼片は横に開き後ろに反り、長さ3–3.5mm。唇弁は長さ3–4mmでT字形、距は細く5–6mm、下垂しつつ前に反る。

☞海外では極東ロシア、中国、朝鮮半島に分布。亜寒帯〜暖温帯の林床または林縁の明るい場所にふつうに見られる。本土のツレサギソウ属の中では開花期が遅い種のひとつ。これまでトンボソウ属 *Tulotis* とされることが多かったが、DNA情報を用いて検証した結果、ツレサギソウ属に含めるのが適当なことがわかった。トンボソウとその近縁種は根から不定芽を出すのが特徴。近縁のヒロハトンボソウ（2巻所収）と比べて葉の幅が狭く、距が短かく、唇弁の側裂片が鈍頭である。和名は花の姿をトンボに見立てたもの。

生 岩生、着生 花 6-8月 分 本、四、九、伊 R VU

ウチョウラン【羽蝶蘭】
Ponerorchis graminifolia Rchb.f. var. *graminifolia*

❶開花時の高さ 10-30cm。葉は線形または広線形、長さ 7-12cm、幅 3-8mm、まばらに 2-4 枚つける。花序あたり数個 -20 個の花を密につける。植物体全体に暗紫色の線状の着色がある。❷花は淡い紅紫色。背萼片は卵円形、長さ 6mm、側花弁とともに兜状になる。側萼片はゆがんだ卵形、長さ 6mm、斜め上に伸びる。唇弁は 3 裂し、長さ 8-10mm。距は太く、長さ 10-15mm、後方に伸び、先端が下に湾曲する。❸シロバナウチョウラン。

☞海外では朝鮮半島に分布。暖温帯の腐植の堆積した岩の割れ目に生え、ときに大きな群生となる（p.39）。花が美しく、花の色や形、大きさ、花被片の模様などに変異が大きいため乱獲され、激減した。近縁のヒナチドリ（2 巻所収）と比べ、葉の数が多くて細長く、唇弁の距が太く、先が大きく曲がる点が異なる。白花の個体が稀にあり、シロバナウチョウラン f. *albiflora* (Murai) F.Maek., comb. nud.（写真❸）と呼ばれる。

ウチョウランの変種

花の個体変異が大きいが、地域個体群の特徴を重視して、変種として区別されることもある。

アワチドリ【安房千鳥】*P. graminifolia* var. *suzukiana* (Ohwi) Soó 千葉県房総半島南部の岩壁に生育する。

クロカミラン【黒髪蘭】*P. graminifolia* var. *kurokamiana* (Ohwi & Hatus.) T. Hashim. 佐賀県黒髪山と周辺の湿った岩壁に生育する。

サツマチドリ【薩摩千鳥】*P. graminifolia* var. *micropunctata* F.Maek. nom. nud. 鹿児島県下甑島の海岸の岸壁に生育する。全体にがっしりして大柄。

アワチドリ

ウチョウランと比べ距が細く、側萼片が反り返らない傾向がある。

クロカミラン

ウチョウランと比べ花は早咲きで、距が細く短く、側萼片が反り返らず、唇弁に明瞭な細かい斑点のある個体が多い。

サツマチドリ

ウチョウランと比べ花は距が細く短く、側萼片が反り返らず、唇弁は白地に細かい斑紋のある個体が多い。

ウチョウランの群落 地衣類やコケ類、シノブ、ウラハグサ、イワギボウシ、セッコクなどがマット状になったところに生えている。

生 地生 花 7-8月 分 北（南部）、本、四、九

ベニシュスラン【紅繻子蘭】
Goodyera biflora (Lindl.) Hook.f.

❶茎は匍匐して立ち上がり、開花時の高さ4–10cm。❷葉身は長さ2–4cm、幅1–2cmの卵形、赤みがかった濃緑色、葉脈に沿って白っぽい斑紋が入る。❸花は淡紅色、長さ2.5–3cm、筒状で細長く、1–3個を横向きにつける。花被片の先端にかけて開き、唇弁はやや短く、先端が反る。

☞海外ではヒマラヤ～インドシナ、中国、台湾、朝鮮半島南部、済州島に分布。常緑または落葉広葉樹林の林床や岩上に生え、沢沿いなど湿度の高いところでよく見られる。菌根菌は担子菌門のケラトバシディウム属。日本のシュスラン属の中では花が大きい。花色や葉の模様にも変異があり、白色花もある。かつて日本産の個体を区別して *G. macrantha* Maxim. という学名が使用されることが多かったが、*G. biflora* の異名とすることが適当である。

生 地生 花 9–10月 分 九、琉、伊、小

ツユクサシュスラン【露草繻子蘭】

Goodyera foliosa (Lindl.) Benth. ex C.B.Clarke var. *foliosa*

チドリソウ亜科　シュスラン属

❶全体に大型。茎は匍匐して立ち上がり、開花時の高さ 15–30cm。葉身は長さ 2–8cm、幅 1–4cm の卵形、まばらにつける。❷花序は短毛が多く、花を 5–12 個つけ、花のない苞が 1–3 枚ある。❸花は淡紅色を帯びた白色、長さ 8–10mm、背萼片と側花弁は重なり合い、先が開く。萼片に腺毛がある。

　海外ではヒマラヤ〜インドシナ、中国、台湾に広く分布。常緑広葉樹林の林床に生え、群生することが多い。アケボノシュスラン（次ページ）と似ているが、本変種の方が全体に大きく、花茎がより長く伸び、花序、子房、萼片と苞葉の外側に腺毛があることが明瞭な区別点である。しかしながら、両者の区別がむずかしい個体もある。1938 年、小笠原諸島の南硫黄島で採集された標本に基づいて津山尚（たかし）がナンカイシュスラン *G. augustinii* Tuyama を発表したが、1984 年、本種と区別できないことを津山自身が認めた。和名は葉がマルバツユクサに似ているためという。

生 地生 花 8–10月 分 北、本、四、九、琉（屋久島以北）、伊

アケボノシュスラン【曙繻子蘭】

Goodyera foliosa (Lindl.) Benth. ex C.B.Clarke var. *laevis* Finet

❶茎は匍匐して先は立ち上がり、開花時の高さ10–15cm。葉身は長さ2–4cm、幅1–3cmの卵形、数枚つける。花序は短く、花を密に3–8個つける。❷花は淡紅色を帯びた白色、長さ8–10mm、背萼片と側花弁は重なり合い、先がわずかに開く。❸シロバナアケボノシュスラン

☞海外では朝鮮半島南部、韓国の済州島に分布。落葉〜常緑広葉樹林林床に生え、群生していることが多い。ツユクサシュスランと変種の関係にある。花粉の運び手はマルハナバチの一種、トラマルハナバチ。菌根菌は担子菌門のケラトバシディウム属である。ツユクサシュスランと分布が重なる地域では、より標高の高いところに分布してすみ分けている。本州の日本海側、北海道には2倍体が、西日本の太平洋側には主として4倍体が分布することが知られており、4倍体であるツユクサシュスランとの関係も含めて、今後分類が見直されるだろう。品種に白花のシロバナアケボノシュスラン f. *albiflora* N.Yonez.（写真❸）がある。

生 地生　花 9–11月　分 本（岩手県、関東地方南部）、四、九、琉、伊

ハチジョウシュスラン【八丈繻子蘭】

Goodyera hachijoensis Yatabe var. *hachijoensis*

チドリソウ亜科

シュスラン属

❶茎は匍匐して立ち上がり、開花時の高さ 10–20cm。花は総状に多数つける。葉身は長さ 3–4cm、幅 2–3cm の卵形、3–4 枚つけ、中脈に白色の帯状の斑が入る。❷オオシマシュスラン。葉に模様が入らない。❸花は緑色を帯びた背萼片と、白色でやや紅色を帯びた側花弁とで兜状になり、長さ約 4mm。唇弁は広卵形で淡黄色。

☞海外では台湾にのみ分布。常緑広葉樹林の林床に生育する。菌根菌は担子菌門のケラトバシディウム属。葉の模様に顕著な変異があるが、葉に模様の入らないオオシマシュスラン f. *izuohsimensis* Satomi（写真❷）、脈に沿って網目状の白色斑が入るカゴメラン var. *matsumurana* (Schltr.) Ohwi（3 巻所収）と変異が連続的。琉球列島ではカゴメラン型が主だが、関東地方では 3 タイプともよく見られる。東南アジアに分布する *G. reticulata* (Blume) Blume は、本種ときわめてよく似る。大久保三郎が八丈島で採集した個体に基づいて、矢田部良吉が記載した。

生 地生 花 8–10月 分 本（栃木県以西）、四、九、琉、伊

シュスラン 【繻子蘭】

ビロードラン

Goodyera velutina Maxim.

❶茎は匍匐して先は立ち上がり、開花時の高さ10–15cm。葉は卵形、長さ2–4cm、幅1–2cm、茎の下部に数枚つけ、やや赤みを帯びた濃緑色、ビロード状の光沢があり、中脈に白線が入る。4–15個の花をつける。❷花は淡紅色を帯びた白色、長さ6–8mm、半開して横を向く。背萼片と側花弁は完全に重なり、唇弁は赤みを帯びる。❸花の赤みが強い個体。

☞海外では中国、台湾、朝鮮半島に分布。暖温帯の常緑広葉樹林の林床に生え、しばしば大きな群落になる。菌根菌は担子菌門のケラトバシディウム属。葉の中脈に入る白線が特徴で、これだけで本種とわかる。シュスラン属は単一の系統群ではないことがDNA情報を使った解析の結果からわかっており、新大陸で分化したものがアジアに拡がった可能性が高い。本種の近縁種が北米東部に隔離分布しており、いわゆる「モクレン型分布」の一例である。系統的にはアケボノシュスランに最も近い。ミヤマウズラとの自然交雑種 *G.* × *tamnaensis* N.S. Lee, K.S. Lee, S.H. Yeau and C.S. Lee が近年記載された。

シュスランの群落 伊豆諸島や関東南部ではシュスラン属をよく見かけるが、このように大きな群落を形成することも多い。

生 地生 花 8–9月 分 北、本、四、九、琉（奄美大島以北）、伊

ミヤマウズラ【深山鶉】
Goodyera schlechtendaliana Rchb.f.

❶茎は匍匐して先は立ち上がる。開花時の高さ 12–25cm。葉身は長さ 2–4cm、幅 1–2.5cm の卵形、茎の下部に数枚つけ、青緑色、葉脈に沿って白色の模様が入る。❷花序あたり 7–15 個の花を一方向に偏ってつける。❸花は白色、しばしば淡紅色を帯び、長さ約 1cm。背萼片と側花弁は重なり合い、側花弁と唇弁の先端に褐色の斑点がある。側萼片は横に広がる。

☞海外ではヒマラヤ、インドシナ、中国、スマトラ島、台湾、朝鮮半島に分布。亜寒帯〜亜熱帯の様々な植生の様々な環境に生育する。里山で普通に見られるランのひとつ。菌根菌は担子菌門のケラトバシディウム属。葉の模様は変異に富み、斑紋のないものはフナシミヤマウズラ f. *similis* (Blume) Makino と呼ばれる。よく似たヒメミヤマウズラ（2 巻所収）は、亜高山帯針葉樹林に分布し、植物体が小さく、唇弁の内側に毛がないことで区別できる。和名は葉の模様を鶉の斑模様にたとえたものとされる。江戸時代には本種の葉の変わりものの栽培が流行し、錦蘭と呼ばれた。

生 地生 花 7-8月 分 本（岩手県以南）、四、九、琉（屋久島）、伊 R VU

ヒメノヤガラ 【姫の矢柄】

Hetaeria shikokiana (Makino & F.Maek.) Tuyama

❶開花時の高さ5–20cm。花も茎も橙色。❷花を5–15個つける。花柄子房は花茎に沿って上方に伸び、花被片は直角に曲がる。❸萼片と側花弁は長さ3–4 mm、筒状になり先がわずかに開く。唇弁はT字形、多くのランと異なり花の上側につく。

☞海外ではヒマラヤ、中国（チベット、四川省）、朝鮮半島南部に分布。暖温帯の落葉広葉樹林、常緑広葉樹林のやや明るい林床に生育する。普通葉を形成しない菌従属栄養植物。花粉の運び手は不明だが、よく結実するので自動自家受粉の可能性もある。菌根菌は担子菌門のケラトバシディウム属。花柄子房がねじれないため、一般のランと比べて花の上下が逆になる。地下では根茎が発達し、よく枝分かれしている。形態の特殊性から新属 *Chamaegastrodia* 属の種として発表されたが、*Hetaeria* 属に含めることが適当である。和名は、一見オニノヤガラに似ているが小型なことから。

生 生地生 花 8-9月 分 本（静岡県以西）、四、九、琉、伊 R VU

ヤクシマアカシュスラン【屋久島赤繻子蘭】

Hetaeria yakusimensis (Masam.) Masam. ex E.Walker

❶茎は匍匐して先は立ち上がり、開花時の高さ 10–30cm。葉を 3–5 枚つけ、葉身は卵状楕円形～卵状披針形、長さ 3–8cm、幅 1.5–3.5cm。葉柄は長さ 3.5cm に達し、赤みを帯びる。❷花序には毛が生え、花を 3–25 個つける。萼片は卵形、淡赤褐色、長さ 3–4mm、毛を散生する。花弁と唇弁は乳白色、長さ 3–4mm、唇弁基部は袋状。❸果実は暗紅褐色、長さ約 1cm。

☞海外ではベトナム、中国南部、台湾に分布。暖温帯～亜熱帯の常緑広葉樹林の林床に生育する。カゲロウラン（p.52）と葉や花がよく似ておりしばしば間違われるが、本種は、葉柄が長いこと、葉身の中脈の色がぬけること、側萼片が内側に巻かないことなどでよく区別できる。学名に様々な混乱があり、たとえば *Rhomboda* 属とする見解があるが *Hetaeria* 属に含めることが適当である。また、台湾産の標本に基づく *H. tokioi* Fukuy. がよく使われるが、本種の異名と見なされる。一方、*H. cristata* Blume と同種とする見解があるが誤りである。和名は最初の発見地と葉柄などの色に因む。

生 地生 花 7–8月 分 伊 R VU

オオハクウンラン【大白雲蘭】

Kuhlhasseltia fissa (F.Maek.) T.Yukawa, ined.

❶開花時の高さ 7–13cm。葉は茎の下部に 2–6 枚をつけ、卵円形または円形、長さ 9–13mm。❷花を 1–7 個つける。❸花は白色。側萼片は長さ 4.5–6 mm、基部のみ合着し、唇弁の基部を包む。側花弁と背萼片は集まり兜状になる。唇弁の上唇部は横長の長方形、先の両端が尖る。

☞日本固有種。伊豆諸島の山地の常緑広葉樹林の林床に生育する。ハクウンランと似ており、本種の方が植物体が大きく染色体数が 2n=40（ハクウンランは 2n=26）である点が異なるとされる。ヤクシマヒメアリドオシラン（3 巻所収）も本種と酷似しているが、唇弁の形態が異なり、中国、フィリピン、日本の伊豆諸島、本州中部地方、近畿地方、愛媛県、鹿児島県、沖縄県に分布する。日本産ハクウンラン属の分類はまだ不明な点が多い。和名はハクウンランとよく似て大型なことから。

生 地生 花 7-8月 分 本、四、九

ハクウンラン【白雲蘭】

Kuhlhasseltia nakaiana (F.Maek.) Ormerod

❶開花時の高さ5–13cm。葉は茎の下部に数枚互生し、卵円形、長さ3–7mm、幅2.5–7mm、濃緑色。❷花を1–6個つける。❸花は白色。萼片と側花弁は淡緑色、赤みを帯びることもある。唇弁の上唇部は横長の長方形、基部は側萼片に包まれる。

☞海外では台湾北部、朝鮮半島に分布。冷温帯〜暖温帯の常緑または落葉広葉樹林、さらに針葉樹林の林床に生える。主として山地に分布する（2巻にも所収）が、ときに低地にも見られる。根が退化しているので菌への栄養依存が強いと思われる。長らく *Vexillabium* 属に分類されていたが、近年 *Kuhlhasseltia* 属に含めるのが適当であることがわかった。側萼片の合着の程度の異なった、ムライラン、イセランがかつて発表されたが、この形質の違いは連続的なため、今日では同一種として扱う。和名は朝鮮半島の白雲山で中井猛之進が初めて採集したことに因む。

生 地生 花 7-8月 分 九（福岡県、大分県、鹿児島県） R CR

ハツシマラン【初島蘭】
Odontochilus hatusimanus Ohwi & T.Koyama

チドリソウ亜科

オオギミラン属

❶茎は匍匐して先は立ち上がり、開花時の高さ 10–15cm。4–7 枚の葉をつける。葉身は卵形〜楕円形、長さ 2–4cm、幅 2–4cm。❷花茎は長い毛に被われ、先端近くにやや密に 3–7 個の花をつける。❸萼片と側花弁は兜状となり、萼片の外側には毛が密生。唇弁は他の花被片より長く約 5.5mm、先は 2 深裂して逆 Y 字状、桃色がかる白色で目立つ。

☞日本固有種。常緑広葉樹林の林床に生育するが、自生地はきわめて少ない。ハクウンラン、オオハクウンラン、オオギミラン（3巻所収）と似るが、唇弁基部に櫛の歯状の突起がないことでよく区別できる。オオギミラン属はヒマラヤ〜東南アジア、太平洋諸島にかけて約 25 種が分布するが、本種は最も北に自生する。地中で根茎が発達しよく分枝することも特徴で、菌根共生の場となっていると考えられる。1957 年に大井次三郎と小山鐵夫によって発表された種で、和名と学名は発見者の初島住彦を記念したものである。

生 地生　花 9–10月　分 本（関東地方以西）、四、九、琉、伊　R NT

カゲロウラン【蜉蝣蘭】

オオスミキヌラン

Zeuxine agyokuana Fukuy.

❶茎は匍匐して先は立ち上がり、開花時の高さ10–20cm。約20個の花をつける。葉は長さ3–5 cm、4–5枚つけ、卵状楕円形、表面は濃緑色、光沢があり、縁が波打つ。❷緑色の花の個体もある。❸萼片は緑褐色、背萼片は赤みが強く、長さ約4–5mm。側花弁は乳白色。唇弁は基部にかけてやや黄色を帯び、嚢状、卵形。

海外では台湾に分布。暖温帯〜亜熱帯の常緑広葉樹林の林床や林縁に生育する。ヤクシマアカシュスラン（p.48）と似るが、本種は葉に光沢があり、葉柄が短く、全体に小さく、花は横向きに咲き、側花弁がより細長く、唇弁内部の形態が異なることなどで区別できる。従来は四国以南に分布することが知られていたが、近年、高尾山や三浦半島、房総半島など関東地方で次々に発見されている。タシロラン（p.69）とともに温暖化の影響で分布が北上しているのかもしれない。別名のオオスミキヌランはかつて別種として記載されたものだが、カゲロウランと同一である。

生 地生 花 5–8月 分 北、本、四、九、琉（トカラ列島以北）、伊

ネジバナ【捩花】

モジズリ

Spiranthes sinensis (Pers.) Ames var. *amoena* (M.Bieb.) H.Hara

チドリソウ亜科

ネジバナ属

❶開花時の高さ 10–40cm。葉は長さ 5–15cm、幅 3–10mm、線形〜狭披針形、地表近くに数枚つける。多数の淡紅色の花をらせん状につける。花色の濃淡やらせんの向き、ねじれ具合に変化がある。❷シロバナモジズリ。❸唇弁は白色で波打ち、側萼片は横に開き、背萼片と側花弁が唇弁にかぶさる。

☞海外ではロシア以西のユーラシア大陸に広く分布。暖温帯〜亜寒帯のやや湿り気のある明るい草地に生育する。ナンゴクネジバナ（3巻所収）と変種関係にあり、本変種は花茎や萼片、苞に毛があることで区別されるが両者の中間的なものもある。花粉の運び手はコハナバチ類など小型のハチが多い。結実率が高いが、自動自家受粉は認められない。菌根菌は担子菌門のツラスネラ属。同一の個体で右巻き左巻きの両方の花序が出る。品種として8月下旬–9月上旬に開花するアキネジバナ f. *autumnus* H.Tsukaya、屋久島に分布する小型のヤクシマネジバナ f. *gracilis* F.Maek、白花のシロバナモジズリ f. *albescens* (Honda) Honda（写真❷）、緑花のアオモジズリ f. *viridiflora* (Makino) Ohwi がある。

生 地生 花 8-9月 分 本（紀伊半島）、四、九、伊 R VU

コオロギラン【蟋蟀蘭】
Stigmatodactylus sikokianus Maxim. ex Makino

❶開花時の高さ3–10cm、茎の断面は四角柱状、1–4個の花をつける。茎の基部に鱗片葉、中ほどに長さ3–5mmの普通葉が各1枚つく。苞は葉とほぼ同大。❷花は淡緑色地に紫紅色を帯び、萼片と側花弁は線形。唇弁はほぼ円形、長さ約4mm、中央に濃紅紫色の模様が入る。❸果実。

☞海外では中国東南部、台湾に分布。杉林や常緑広葉樹林などで腐植の多い林床に生える。分布は限られるものの、近年、いくつかの自生地が見つかっている。菌根菌は担子菌門のロウタケ科。花は一見クモキリソウ（p.83）の仲間に似るが、葉が発達せず花もずっと小さい。牧野富太郎が1890年『日本植物志図篇』で本種の精緻な図を発表し、国際的に注目を集めた。日本人が発表した最も初期の植物の新種のひとつでもある。コオロギランの仲間はオセアニアに起源し、本種は日本までたどり着いた唯一の種。和名は花の形や半透明の花被の様子からコオロギを連想したもので、牧野富太郎が名づけた。

| 生 地生 | 花 4-5月 | 分 本（千葉県以西）、四、九、琉、伊 |

ニラバラン【韮葉蘭】

Microtis unifolia (G.Forst.) Rchb.f.

❶開花時の高さ10-40cm。葉は細い円柱状で1枚、長さ15-25cm、径2-2.5mm。❷花は15-35個やや密につける。❸花の径約2.5mm、唇弁と側萼片が下向きに反り、他の花被片は兜状に上からかぶさる。

☞海外では中国南部、台湾、東南アジア、オセアニアに分布。亜熱帯～暖温帯の芝地や草地に群生することが多い。ラン科としては生育が早くパイオニアとして遷移の初期に出現する。花粉の運び手はジガバチや甲虫だが、自動自家受粉も同時に行っている。菌根菌は担子菌門のロウタケ科。ニラバラン属はほとんどの種がオセアニアで多様化を遂げ、きわめて限られた種だけがアジアで分布を拡げている。細い葉をニラに見立てているが、葉は円柱状でニラのように扁平ではない。本種の学名に *M. formosana* Schltr. や *M. parviflora* R.Br. が使用されることがあるが、前者は正式に発表された学名ではなく、後者は異なる植物に充てるべき学名であることがわかっている。

生 地生 花 4–6月 分 本、四、九、伊 R VU

キンラン【金蘭】
Cephalanthera falcata (Thunb.) Blume

❶開花時の高さ 20–80cm。葉は長さ 8–15cm、幅 2–4cm、5–8 枚互生、葉脈が隆起し目立つ。❷花は茎の上部に 3–12 個つける。❸❹花は黄色、上向き、平開せず、抱えた形になる。萼片は長さ 14–17mm。側花弁はやや短い。唇弁は蕊柱を抱き、中心に褐色の隆起線があり、距が突き出る。

☞海外では朝鮮半島、中国東南部に分布。暖温帯の落葉広葉樹林やマツ林の林床に生育する。関東地方の都市公園や里山ではよく見られる。花粉の運び手はズマルコハナバチ、キバナヒメハナバチ、セイヨウミツバチ、シラキキマダラハナバチなど小型のハナバチ。イボタケ科、ベニタケ科、ロウタケ科など、樹木の外生菌根菌と共生する。キンランの葉は、縁にざらつきがなく、かたく厚みがあるので、花がなくても他の種類から区別できる。中国産の *Tangtsinia nanchuanica* S.C.Chen は本種の唇弁が花弁化した個体と類似する。

シロバナキンラン *C. falcata* f. *albescens* S.Kobayashi　花は黄色みを帯びたクリーム色。

ツクバキンラン *C. falcata* f. *conformis* Hiros.Hayak. & J.Yokoy.　6枚の花被片がほぼ同形同大になる。花の形態形成に関わる突然変異で生じた。

アルビノ個体　葉緑体を失った突然変異個体も正常に生育し開花する。このことからキンランは光合成しなくても菌根菌から摂取した栄養だけで生育、開花できることがわかる。

葉が斑入りになった個体　アルビノと正常な葉の個体の中間的なものも見られる。

生 地生 花 5–6月 分 北、本、四、九、伊

ギンラン【銀蘭】
Cephalanthera erecta (Thunb.) Blume

❶開花時の高さ 5–40cm。葉は長さ 3–9cm、幅 1–4cm、3–6 枚つける。
❷花序あたり花を 1–15 個つける。❸花は白色、平開せず抱えた形になる。萼片は長さ 7–9mm。唇弁は蕊柱を抱え、隆起線が淡い褐色になり、距が長く突き出る。

☞海外では東ヒマラヤ〜中国、台湾、朝鮮半島、千島列島に分布する。暖温帯〜冷温帯の常緑広葉樹林、落葉広葉樹林の林床に生育。しばしばキンランと同所に生育するが、より冷涼な場所でも見られる。菌根菌はほぼイボタケ科に特化している。キンラン属の他の種と比べ植物体にざらつき（乳頭状突起）が少なく、葉は薄く紙質で、基部が鞘状になって茎を抱く。ユウシュンラン（p.61）と似るが、本種は葉が発達し、花の形態が異なる。キンラン同様、稀に唇弁が花弁化した個体 var. *oblanceolata* N.Pearce & P.J.Cribb がある。和名はキンランに対し、白色の花を銀にたとえたものという。

生 地生 花 5–6月 分 北、本、四、九、伊

ササバギンラン【笹葉銀蘭】
Cephalanthera longibracteata Blume

エピデンドルム亜科 キンラン属

❶開花時の高さ30–50cm。葉は狭長楕円形または卵状披針形、長さ7–15cm、幅1.5–3cm、5–8枚つける。葉の裏や花序、子房などに短毛（乳頭状突起）がある。ギンランより大柄で葉が長い。下部の1–2個の苞は花柄子房よりずっと長い。❷花は白色、萼片と花弁は披針形、長さ約1cm、わずかに開く。❸唇弁の基部は筒状の距となり、短く突き出る。

☞海外では極東ロシア〜朝鮮半島、中国吉林省・遼寧省などに分布。暖温帯〜冷温帯の落葉広葉樹林の林床に生育することが多い。菌根菌はイボタケ科、ベニタケ科、ロウタケ科などで、キンランと似る。ギンランよりキンランに類縁が近い。ギンランに比べ苞が著しく長く伸び、開花時の植物体にざらつきが多く、茎の稜や葉脈が目立ち、葉は茎を抱かずによく開くことでよく区別できる。和名は葉の様子をササの葉にたとえたことからという。

生 地生 花 4-6月 分 北、本、四、九 R VU

クゲヌマラン【鵠沼蘭】
エゾギンラン

Cephalanthera longifolia (L.) Fritsch

❶開花時の高さ 60cm まで。葉は長さ 8–18cm、幅 2–4cm、4–14 枚つく。花序あたりの花の数は 20 個まで。❷萼片は長さ 12–18mm、側花弁は長さ 8–9mm、唇弁は長さ 7–10mm。❸ギンランに似るが距がきわめて短い。❹古い花は変色する。

☞ユーラシア大陸の温帯域〜アフリカ北部まで広く分布。亜寒帯〜暖温帯の主に落葉広葉樹林やクロマツ林の林床に生育する。近年、造成地や都市公園などで急速に分布を広げている。菌根菌はイボタケ科、ロウタケ科など。ギンランやササバギンランに似るが、距が明らかに短いことや茎の稜が目立たないこと、開花時の植物体のざらつき（乳頭状突起）や葉のしわが少なく、葉脈が目立たないことで区別できる。キンラン属の種は一見よく似ているが、距の長さ、葉のしわの多少、葉脈の目立ち方、茎の稜の目立ち方、開花時の植物体のざらつき（乳頭状突起の有無）で区別できる。和名は最初に見つかった神奈川県鵠沼に因む。

生 地生 花 4-6月 分 北、本、四、九、伊 R VU

ユウシュンラン【祐舜蘭】

Cephalanthera subaphylla Miyabe & Kudô

❶開花時の高さ 10–15cm。葉は小さく、長さ約 3cm、幅 1–1.5cm、1–2 枚つける。❷花序あたり花を 2–5 個つける。❸花は白色、上向きで半開、背萼片は披針形、長さ約 9mm、側萼片はゆがんでやや長い。唇弁は褐色の筋があり、距が長く突き出る。

☞海外では朝鮮半島南部、済州島に分布。亜寒帯〜暖温帯の落葉広葉樹林の林床に生育し、都市近郊でも見られる。葉が退化して小型になっているのは、菌への栄養依存が高く光合成機能が退化しているためと考えられる。ギンランの変種とする見解もあるが、葉とともに花の形態が異なっているため、独立種とするのが適当である。和名は植物学者の工藤祐舜の名に因む。北米や中国、インドシナには、ユウシュンランと同じく、葉が退化したキンラン属の種が何種かある。

生 地生 花 5-8月 分 北、本、四、九

エゾスズラン【蝦夷鈴蘭】　　　ハマカキラン、アオスズラン
Epipactis helleborine (L.) Crantz

❶開花時の高さ 30–70cm。葉は卵状楕円形～広披針形、長さ 4–12cm、幅 2–4cm、5–7 枚つける。花序あたり花を 5–30 個つける。写真は花全体が赤みを帯びた個体。❷淡緑色の花の個体。❸萼片は長さ 9–12mm、やや開き、唇弁は基部が椀状で茶褐色、その先の隆起は、淡紅色を帯びることがある。

☞ユーラシア大陸の亜寒帯～冷温帯に広く分布し、北米にも帰化している。日本の冷温帯では落葉広葉樹林や針葉樹林の林床、林縁、さらに冷温帯～暖温帯にかけての海岸のクロマツ林に生育する。花色に変化が多く、緑色～赤みがかるものまで様々である。菌根菌は主に子嚢菌門のチャワンタケ目の地下生菌。主要な花粉の運び手はスズメバチ。ハマカキランはエゾスズランの変種として区別されていたが、形態からも DNA 情報からも区別できないことが明らかになった。

生 地生 花 6–8月 分 北、本、四、九、伊

カキラン【柿蘭】

Epipactis thunbergii A.Gray f. *thunbergii*

エビデンドルム亜科

カキラン属

❶開花時の高さ30–70cm、葉は狭卵形〜広披針形、長さ7–13cm、幅2–5cm、5–10枚つける。❷花序あたり花を5–20個つける。❸花は赤みを帯びた黄色、萼片は狭長楕円形、長さ10–17mm、外側が緑色を帯びる。唇弁は淡紅色、中ほどが狭まり、基部に赤紫色の筋が目立つ。

☞海外では極東ロシア、中国東部、朝鮮半島に分布。ふつう湿地に生育するが、カルスト台地の尾根筋などにも見られる。菌根菌は担子菌門のツラスネラ科。花粉の運び手はハナアブとアリで、アリ受粉の珍しい事例である。本種は、幕末にペリーが下田に来航した際に持ち帰った伊豆下田産の標本に基づいて、アメリカの植物学者エイサ・グレイ Asa Gray が記載した。品種として、唇弁が花弁化したイソマカキラン（次ページ）と花全体が黄色のキバナカキラン f. *flava* Ohwi が区別される。

生 地生 花 5-6月 分 九（鹿児島県）、琉

イソマカキラン【磯間柿蘭】
Epipactis thunbergii A.Gray f. *subconformis* Sakata

❶葉や茎の形態と大きさはカキランと同じ。❷黄色の花の個体も見られる。❸唇弁は側花弁ときわめて似た形になっている。花の大きさはカキランと変わらない。

☞琉球列島のカキランはすべてイソマカキランと考えられる。分布域が広く、また、唇弁が側花弁化する形質が固定しているため、品種ではなく変種として扱うのが妥当だろう。基準産地の鹿児島県南さつま市（旧加世田市）では両者が同所に分布するといわれる。湿地だけではなく、やや乾いた草原にも自生する。和名のイソマは、基準産地の磯間山に因む。

生 地生 花 6月中－7月上 分 本（宮城県、福島県、茨城県、神奈川県）

タンザワサカネラン【丹沢逆根蘭】

Neottia inagakii Yagame, Katuy. & T.Yukawa

エピデンドルム亜科

サカネラン属

❶開花時の高さ 5–20cm。全体に乳白色。サカネランと同様に茎の基部に大きな鞘状葉があり、花序あたり花を 10–20 個つける。❷花はほとんど開かず、ふくらんだ花柄子房の先に丸まっている。正面から見ると唇弁と側花弁を萼片が覆っているのが見える。❸福島県の個体。最近自生地が見つかった。

☞日本固有種。冷温帯〜暖温帯のモミ林、落葉広葉樹林、常緑広葉樹林に生育する菌従属栄養植物。個体数が少ないうえ、地上部には梅雨時の 3 週間ほどしか現れないため、観察例はきわめて少ない。菌根菌は担子菌門のロウタケ科、イボタケ科、ベニタケ科など。花には小さな開口部があるだけだが、すべての花が結実することから、自動自家受粉すると思われる。ツクシサカネランと最も近縁で形態も似ているが、本種は花が小さくて開かず、蕊柱や唇弁の形も異なる。本種は 2002 年に稲垣精秋によって発見され、2008 年に筆者らが記載した新しい種で、和名は発見地の神奈川県丹沢に因む。

生 地生 花 5月中–6月 分本（千葉県、愛知県）、九（鹿児島県） R EX

ツクシサカネラン【筑紫逆根蘭】
Neottia kiusiana T.Hashim. & Hatus.

エビデンドルム亜科

サカネラン属

開花時の高さ 6–21cm。花序あたり花を 10–28 個つける。全体に茶色がかった乳白色。鞘状葉は発達し 3–5 枚つけ、最長で 2.5cm。萼片は長さ 3.5–4.0mm。唇弁は長さ 5.2–8.0mm。

海外では韓国の済州島に分布。暖温帯常緑広葉樹林の林床に生育する菌従属栄養植物。菌根菌はロウタケ科。サカネラン（2巻所収）に似るが、本種はより小さく、腺毛がまばらな点や唇弁の形の違いで区別できる。鹿児島県薩摩郡で 1991 年に採集された標本に基づいて発表された。当初九州固有種と考えられたが、韓国で 2002 年に記載された *N. hypocastanoptica* Y.N.Lee を調査したところ、ツクシサカネランと同一であることが判明した。さらに愛知県東部や千葉県房総半島の標本が見つかり、本州に自生していたことも確認された。しかしながら日本では生きた個体が長らく発見されておらず、環境省第4次レッドリストでは絶滅種（EX）とされている。

生 地生　花 2–5月　分 本、四、九、琉、伊

ヒメフタバラン【姫双葉蘭】
Neottia japonica (Blume) Szlach.

❶開花時の高さ 5–30cm。茎の断面は四角形。葉は三角状長卵形、長さ 1–3cm、幅 1–2cm、中ほどに 2 枚対生する。花を 2–6 個つける。❷花は淡紫褐色、萼片と側花弁は長さ 2–3mm、後方に反り、唇弁は長さ 6–8 mm、逆 Y 字形、中心部に T 字形の隆起がある。❸ミドリヒメフタバラン。❹葉の模様が目立つフイリヒメフタバラン。

☞海外では台湾、韓国の済州島に分布。暖温帯常緑広葉樹林やモミ林の林床に生育する。菌根菌は主にロウタケ科。近縁種に比べると、唇弁の基部が裂片になって蕊柱を抱える形になるのが特徴。花色や葉の模様の変異が大きく、花色が緑色のものをミドリヒメフタバラン f. *viridescens* (K.Nakaj.) T.Yukawa, ined.（写真❸）、葉に模様の目立つものをフイリヒメフタバラン f. *albostriata* (Masam.) T.Yukawa, ined.（写真❹）、葉の長いものをナガバヒメフタバラン f. *longifolia* Nackej. と呼ぶ。これまでフタバラン類はフタバラン属 *Listera* として扱われてきたが、DNA 情報を用いた解析の結果に基づいてサカネラン属として扱う。

生 地生 花 4–7月 分 本（栃木県以南）、四、九、琉、伊 R EN

ムカゴサイシン【零余子細辛】
Nervilia nipponica Makino

❶開花時の高さ3–10cm。開花時に葉はない。花は完全に開かず、横向きに1個つける。❷背萼片の長さ8–13.5mm、唇弁は3裂し、長さ8.5–12.5mm、中央裂片は倒卵形。萼片には淡緑色に紫色の斑紋が入る。側花弁と唇弁は白色で紫色の斑紋が入る。写真は受粉し閉じ始めた花。❸開花後、心形の葉を開く。長さ1.5–3.5cm。

☞海外では韓国の済州島に分布。暖温帯の常緑広葉樹林やスギ植林などの二次林の林床に生育する。公園など自然度の低い場所にも自生するにもかかわらず、自生地はきわめて少ない。菌根菌は担子菌門に属するが、DNAの情報では既知のいずれのグループとも一致せず、帰属はまだ明らかでない。花は咲いてもすぐ閉じて自動自家受粉を行い結実する。開花後、葉を出すとともに地中でランナーを伸ばし、先端が球茎となる。生育期は短く12月までに落葉する。根はない。ムカゴサイシン属の多くの種はアフリカ、インドシナなどの乾季の明瞭な地域に分布することから、休眠期に落葉する性質が発達したと考えられる。

郵 便 は が き

162-8790

料金受取人払郵便

牛込局承認

3281

差出有効期間
2017 年 4 月
14 日まで

東京都新宿区
西五軒町 2-5 川上ビル

株式会社
文一総合出版　行

ご住所	フリガナ			
	〒			
	Tel.　　（　　）			
お名前	フリガナ		性別	年齢
			男・女	

注文書（書名）

書名		本体価格	冊数
日本ラン科植物図譜	精密な標本画で全種紹介	本体 25,000 円＋税	冊
		本体　　　円＋税	冊
		本体　　　円＋税	冊
		本体　　　円＋税	冊

※送料は 3,000 円（税別価格の合計金額）までは 210 円，それ以上は無料です。
※発送は 3,000 円以上の場合は代引発送となります。
※ご記入いただいた情報は，小社新刊案内等をお送りするために利用し，それ以外での利用はいたしません。

日本のラン ハンドブック ❶低地・低山編　愛読者カード

平素は弊社の出版物をご愛読いただき，まことにありがとうございます。今後の出版物の参考にさせていただきますので，お手数ながら皆様のご意見，ご感想をお聞かせください。

◆この本を何でお知りになりましたか
1. 新聞広告（新聞名　　　　　　　　　　）　4. 書店店頭
2. 雑誌広告（雑誌名　　　　　　　　　　）　5. 人から聞いて
3. 書評（掲載紙・誌　　　　　　　　　　）　6. 授業・講演会等
7. その他（　　　　　　　　　　　　　　　　　　　　　　　　）

◆この本を購入された書店名をお知らせください
（　　　　都道府県　　　　　　市町村　　　　　　　　書店）

◆この本について（該当のものに○をおつけください）

	不満		ふつう		満足
価　格	∎	∎	∎	∎	∎
装　丁	∎	∎	∎	∎	∎
内　容	∎	∎	∎	∎	∎
読みやすさ	∎	∎	∎	∎	∎

◆この本についてのご意見・ご感想をお聞かせください

◆小社図鑑へ今後どのようなテーマを希望されますか？

◆小社の新刊情報は、まぐまぐメールマガジンから配信しています。ご希望の方は、小社ホームページ（下記）よりご登録ください。
http://www.bun-ichi.co.jp

生 地生 花 5-7月 分 本（群馬県以南）、四、九、琉、伊 R NT

タシロラン【田代蘭】
Epipogium roseum (D.Don) Lindl.

❶開花時の高さ20-50cm。花茎は黄褐色を帯びた白色。ときに大群落になる。❷花序あたり花を5-30個つける。❸花は白色、長さ8-10mm。萼片と側花弁は狭披針形。唇弁は広卵形で全縁、赤紫色の斑点が入る。距は長さ約4mm。

☞熱帯アフリカ、熱帯アジア、さらには太平洋地域から知られ、ラン科のなかでも最も広く分布する種のひとつ。重さが１千万分の1gというずばぬけて軽い種子が分布拡大に役立っていると思われる。主に熱帯雨林の林床に生えるが、暖温帯常緑広葉樹林まで進出している。担子菌門の木材腐朽菌であるイタチタケなどに栄養をすべて依存している菌従属栄養植物。開花後3-4日で種子散布し、地上部に8日しか存在しなかったというデータもある。日本では1906年に長崎県諫早市で田代善太郎が採集したのが最初で、和名は発見者に因む。きわめて珍しい植物だったが、近年急速に分布を拡大し、関東地方では各地で見つかっている。

生 地生 花 5–7月 分 北、本、四、九

オニノヤガラ【鬼の矢柄】　　　　ヌスビトノアシ

Gastrodia elata Blume var. *elata*

❶花茎は円柱状で直立し、高さ40–100cm。帯黄緑色の鱗片葉を疎らにつける。❷花は黄褐色で、長さ約1cm、花序あたり20–50個をつける。花被片は合着し筒状、先端が少し離れる。唇弁は卵状長楕円形で縁は細裂する。❸花色は変異があり、緑色の強い個体や褐色の強い個体など様々である。

☞海外ではヒマラヤ～中国、極東ロシア、朝鮮半島、台湾に分布。暖温帯～亜寒帯の林床に生育する。花粉の運び手はコハナバチ属である。菌根菌は、種子発芽の際はクヌギタケ属などだが、成長とともにナラタケ属に変わる特異な性質がある。本種をはじめオニノヤガラ属のすべての種は光合成を行わず、共生する菌から炭素を得る菌従属栄養植物である。本種の球茎は中国では漢方薬の天麻として重用され、人工栽培も盛んに行われている。地中の紡錘形の大きな球茎が足のように見えることから、ヌスビトノアシという別名もある。

生 地生 花 5-7月 分 北、本、四、九

アオテンマ【青天麻】

Gastrodia elata Blume f. *viridis* (Makino) Makino ex Tuyama

❶植物体全体が緑色の個体をアオテンマと呼び、花だけ緑色になるものと区別している。オニノヤガラと同じ環境に生える。❷❸花の形や大きさもオニノヤガラと変わらない。花色は独特な青緑色で目立つ。

☞オニノヤガラの品種で植物体全体が緑色のもの。色以外はオニノヤガラと同じ。オニノヤガラの集団の中に稀に現れる。中国にも様々な花色の個体が知られ f. *alba* S.Chow、f. *flavida* S.Chow、f. *glauca* S.Chow が記録されている。台湾で採集された根茎に毛が生える個体は、ウブゲオニノヤガラ f. *pilifera* Tuyama と命名された。アオテンマは牧野富太郎によって当初独立種として発表されたが、後に変種、品種と階級が変化した。

生 地生 花 6–7月 分 本、四、九 R CR

シロテンマ 【白天麻】

Gastrodia elata var. *pallens* Kitag.

❶オニノヤガラに比べ小さく、花数も少ない。❷オニノヤガラに比べ花色は白が強いが、茎や子房は淡い褐色である。❸花の形はオニノヤガラによく似る。

☞海外では朝鮮半島に分布。中国東北部の分布については、はっきりしない。冷温帯〜暖温帯の落葉広葉樹林下に生育する。オニノヤガラの変種とされているが、全体により小さく、花の形態に違いがあり、開花期がより遅いことなどから別種とすることが適当であろう。分布が限られ個体数も少ないため生態はよくわかっていないが、松村任三著『帝国植物名鑑』(1912) に名前が記載されているように、古くから認識されていた。シロテンマには元々 *G. gracilis* の学名が当てられていたが、後の研究によってこの学名はナヨテンマに相当することがわかった。

生 地生 花 6-7月 分 本（千葉県以西）、四、九、伊 R EN

ナヨテンマ【弱天麻】
Gastrodia gracilis Blume

エピデンドルム亜科 オニノヤガラ属

❶開花時の高さ10-60cm。茎は肌色を帯びた淡褐色で細く華奢。❷花は茎の先端近くに3-20個つける。花色は茎と同系色、唇弁はオレンジ色が強い。花は長さ約1cm、花被片は合着し、カップ状に開く。唇弁は三角形で基部は切形、1対の球状の隆起があり長さ約8mm。❸受粉後に小花柄が急速に伸びて長いものは5cmとなり、先端に紡錘形の果実をつける。

☞海外では台湾に分布。暖温帯の常緑広葉樹林やスギ植林の林床に生育する菌従属栄養植物。放置された二次林や都市公園のような自然度の高くない場所にしばしば生育するが、自生地はきわめて少なく希少である。また、地上部に出る期間がきわめて短いため、発見される機会が限られてしまう。シロテンマに似ているが、花色が異なり、花がより開き、太い根茎をつくらない。またオニノヤガラ（p.70）のように花は筒状にならない。DNA情報を使った解析の結果、オニノヤガラよりもヤツシロラン類に近縁であることがわかっている。種小名の*gracilis*は「か細い」の意で、和名はこの特徴に因む。

生 地生 花 9–10月 分 本（関東地方以西）、四、九、伊

アキザキヤツシロラン【秋咲八代蘭】

Gastrodia confusa Honda & Tuyama

❶開花時の高さ 3–15cm。茎の上部に 2–8 個の花を密につける。❷花は緑褐色、萼片と側花弁が合着して筒状、表面にイボ状の小突起があり、長さ約 1 cm。唇弁は黄白色、基部に 2 個の横に長いイボ状突起がある。❸花が受粉すると小花柄が長さ約 40cm まで急速に伸び、長さ約 3cm の紡錘形の果実をつける。完熟すると縦に裂け、大量の微細な種子がこぼれる。

☞海外では台湾に分布。暖温帯のモウソウチクやマダケなどの竹林に生育する。クヌギタケ属とホウライタケ属の特定の菌種とのみ共生する菌従属栄養植物。竹林内で時に大群落となり、近年の竹林の拡大とともに分布を拡げていると考えられる。クロヤツシロランと類似し、両種がときに混生するが、本種は唇弁の色が淡く、唇弁に毛がないこと、萼筒の外側にイボ状の突起があることで区別できる。東南アジアに広く分布する *G. verrucosa* Blume と同種とする見解がある。沖縄島に分布記録があるが確認できない。花色が緑色を強く帯びた個体をヒスイアキザキヤツシロラン f. *viridis* Suetsugu と呼ぶ。

生 地生 花 9–10月 分 本（関東地方以西）、四、九、伊

クロヤツシロラン【黒八代蘭】
Gastrodia pubilabiata Sawa

エピデンドルム亜科

オニノヤガラ属

❶開花時の高さは約2cm。地表近くで花を1–8個つける。❷花は紫色を帯びた褐色、萼片と側花弁が合着し、先で分かれ平開する。唇弁の色はより濃く、表面に黄白色の毛が密に生える。❸結実すると小花柄が伸び、長さ40cmに達することもある。

☞海外では台湾と韓国の済州島に分布。アキザキヤツシロランと同様に竹林に生えるが、暖温帯の常緑広葉樹林内やスギ植林地にも生育する点が異なる。近年、関東地方以西の各地で多くの自生地が見つかっている。菌従属栄養植物で、菌根菌は担子菌門のクヌギタケ属やホウライタケ属の様々な種。ヤツシロラン類はどの種も共通して花にキノコ臭があり、小型のハエが臭いにつられて訪花し唇弁にとまると蝶つがいが動き、花の内部に閉じ込められ受粉する仕組みになっている。開花期が重なるアキザキヤツシロランと長年にわたり混同されてきたが、1980年に別種として発表された。

生 地生 花 4–5月 分 本（東海地方以西）、四、九、琉、伊 R VU

ハルザキヤツシロラン 【春咲八代蘭】

Gastrodia nipponica (Honda) Tuyama

❶開花時の高さ3–5cm。花序あたり1–3個の花をつける。落ち葉に紛れて見つけにくい。❷花は萼片と側花弁が合着して筒状になり、長さ約2cm、先端で少し分かれる。萼片は紫褐色、側花弁は朱色を帯び、唇弁は淡黄色。❸結実すると小花柄が約30cmまで伸びる。

☞海外では台湾に分布。暖温帯〜亜熱帯の常緑広葉樹林下に生育する菌従属栄養植物。アキザキヤツシロラン（p.74）、クロヤツシロラン（p.75）よりも分布が南に偏る。これらに比べ花が釣鐘形で長く、開花期が春である点でよく区別できる。また、これらより共生する菌根菌の種がずっと多様である。ヤツシロランの仲間はどれも開花時は小さく、落ち葉の色と似ているため見つけにくいが、結実すると小花柄が急速に伸びてよく目立つ。琉球列島には本種に類似した未記載の種がいくつかある。

生 地生　花 5–7月　分 本、四、九

ヒトツボクロ【一つ黒子】
Tipularia japonica Matsum.

エビデンドルム亜科

ヒトツボクロ属

❶花茎は直立し細く、高さ20–35cm。葉は卵状楕円形、長さ3.5–7cm、幅1.5–3.5cm、光沢のある深緑色、中脈は白色、裏面は紅紫色、1枚つける。❷花序あたり7–15個の花をつける。❸花は紫褐色を帯びた淡黄緑色、萼片と側花弁は細く、長さ約4mm。唇弁は浅く3裂、距は長さ約5mm、後方に細長く伸びる。

☞海外では朝鮮半島南部、済州島に分布。冷温帯〜暖温帯の落葉広葉樹林やアカマツ林の林床に生育する。花粉の運び手は不明だが、北米産の近縁種 *T. discolor* (Pursh) Nutt. ではガが媒介することが知られる。花のねじれが、ガによる花粉媒介に有利であるとされている。菌根菌も同じ北米産近縁種では担子菌門のツラスネラ属だが、種子発芽時には別の菌と共生する可能性があることが指摘されている。長崎・佐賀県境に自生する変種のヒトツボクロモドキ var. *harae* F.Maek. は距がなく、唇弁が他の花被片と同じ形になったものである。かつて別属の *Didiciea japonica* H.Hara とされた。

生 地生 花 5–6月 分 北、本、四、九、伊

サイハイラン【采配蘭】
Cremastra variabilis (Blume) Nakai

❶花茎は直立し、高さ30–70cm。下垂する半開きの花を花序あたり10–20個やや密につける。葉は1枚、稀に2枚をつけ長楕円形、長さ15–40cm、幅3–8cm、暗緑色。❷萼片と側花弁は線状倒披針形、長さ3–3.5cm。唇弁は長さ約3cm、先端は3裂、基部にかけて蕊柱を包み、赤褐色が目立つ。❸❹花色は淡緑色〜濃い紅紫色まで変異が大きい。

☞海外ではヒマラヤ〜中国、朝鮮半島、サハリンに分布。亜寒帯〜暖温帯のやや暗い落葉広葉樹林、常緑広葉樹林、杉林のやや湿り気の多い林床に生育する。花はにおいがあり、様々なハチが訪花するが、花粉の運び手はトラマルハナバチである。菌根菌は担子菌門のナヨタケ科、ロウタケ科、ケラトバシディウム科などである。開花の前後から葉を落とし秋口に新しい葉を展開する。多くの文献では *C. appendiculata* の異名、ないしはその変種 var. *variabilis* と扱うが、明らかに別種である。球茎は大きく、アイヌの人たちが食用にしていた。和名は戦場で使用する采配に見立てたもの。

サイハイランの群落 里山や都市の緑地でもよく見かけ、ときに群生する。
冬緑性で、花が終わると葉を枯らして夏の間休眠し、秋に新しい葉を出す。

生 生地生 花 6–7月 分 本（関東地方以西）、四、九 R EN

キバナノショウキラン【黄花の鐘馗蘭】

Yoania amagiensis Nakai & F.Maek.

❶花茎は高さ20–50cm。花序あたり6–15個の花をつける。❷花は上向きに咲き半開。萼片は長楕円形、長さ約2cm、外側が黄褐色、内側が黄色みを帯びた白色。花柄子房が長く伸びる。❸側花弁は長さ約1.5cm、唇弁と蕊柱を被う。唇弁は袋状で、距が前方に伸びる。

☞日本固有種。冷温帯と暖温帯の境目の落葉広葉樹林の林床に生育する。花粉の運び手はマルハナバチ類。花には強い香りがある。ショウキラン（2巻所収）に似るが、本種の方が標高の低い場所に生え、花数が多く、花色、唇弁の形が異なる。また根茎がサンゴ状の塊になる。盛夏にできる果実はラン科では珍しい液果で、大きく目立つがすぐに消えてしまう。自己消化によるものか動物に食べられるためか原因はわかっていない。種小名の *amagiensis* は伊豆半島の天城山のことで、ここで最初に発見されたことによる。

生 地生 花 7–8月 分 北、本、四、九（屋久島以北）、伊 R EN

ギボウシラン【擬宝株蘭】

Liparis auriculata Blume ex Miq.

❶開花時の高さ15–30cm。葉は心形、2枚つけ、長さ5–15cm、幅2.5–8cm、葉脈の間がくぼみ、縦じわが目立つ。❷花序あたり5–25個の花をつける。❸花は淡黄緑色、紅色を帯び、唇弁の中心には暗紫色の帯状の着色がある。花被片の長さは約5mm、萼片と側花弁は縁が外に巻くが唇弁は完全に開く。

☞海外では台湾と韓国の済州島に分布。冷温帯〜暖温帯の林床あるいは湿原などに生育する。時に群生することがある。クモキリソウ（p.83）に似ているが、本種は唇弁に暗紫色の模様が入ること、唇弁が平開すること、葉の幅がより開き脈の間がくぼむことで区別できる。古くはクモキリソウに *Liparis auriculata* の学名が当てられていたが、これは本種に該当することを前川文夫が明らかにした。その結果、クモキリソウを新たに *L. kumokiri* と命名した。和名は葉の印象をギボウシにたとえたもの。

生 地生 花 5–7月 分 北、本、四、九、伊

ジガバチソウ【似我蜂草】
Liparis krameri Franch. & Sav.

❶開花時の高さは 8–25cm。葉は 2 枚、卵形、長さ 3–15cm、幅 2–6cm、網目模様がはっきりし、縁が波打つ。❷花序あたり 5–20 個の花をつける。花被片はすべて先が細長く尖るのが特徴。花は淡緑色に暗紫褐色が混ざり、唇弁は暗紫褐色の縦縞が目立つ。萼片は長さ 10–14mm、側花弁は長さ 8–10mm、唇弁は長さ 6–8mm。❸アオジガバチソウ。花全体が緑色。

☞海外では極東ロシア、朝鮮半島、中国東部に分布。冷温帯〜暖温帯の落葉広葉樹林の林床や、やや暗く湿度の高いコケむした岩上に生育する。形態の変異が大きく、伊豆諸島に分布する小型の個体をヒメジガバチソウ var. *shichitoana* と区別する見解もある。また花色が緑色のものをアオジガバチソウ f. *viridis* Makino（写真❸）という。花がないときはクモキリソウと区別しにくいが、本種は小型の個体が多く、葉脈が隆起していて網目状に見えることで区別できる。クモイジガバチ（2 巻所収）と最も近縁である。種小名の *krameri* は、基準標本を採集したクラマー Carl Kramer に因む。

生 地生 花 6-8月 分 北、本、四、九、伊

クモキリソウ【雲霧草】
Liparis kumokiri F.Maek.

エビデンドルム亜科 クモキリソウ属

❶開花時の高さ 10-30cm。葉は 2 枚、楕円形～心形、長さ 5-15cm、幅 2.5-10cm、縁が縮れ基部が心形になる傾向がある。❷花茎には稜があり、花序あたり 5-20 個の花をやや疎らにつける。❸花は淡緑色、萼片と側花弁は縁が外に巻き、長さ 6-7mm。唇弁は強く反り返り、長さ 5-6mm。

☞海外では極東ロシア、中国東北部、朝鮮半島に分布。暖温帯～冷温帯の落葉広葉樹林内または林縁に生育する。ギボウシラン(p.81)などと比べ、より乾いた場所や撹乱の多い場所でも見られる。本属の中では最も普通に見られ、大きな群落になることも珍しくない。菌根菌は担子菌門のツラスネラ属である。自動自家受粉をすることが知られており、開花後には多くの果実をつける。ヒマラヤ～中国にかけてよく似た植物があるが、同種かどうか未だ結論が出ていない。また国内にも類似した未記載種がいくつかある。漢字名には諸説あり、蜘蛛散草、雲散草、雲切草を充てることもある。

生 地生 花 6–8月 分 本（栃木県以南）、四、九、琉、伊 R EN

ササバラン【笹葉蘭】
Liparis odorata (Willd.) Lindl.

❶開花時の高さ 20–40cm。葉は狭長楕円形、長さ 7–16cm、幅 1.5–4cm、3–5 枚つける。黄緑色に赤みを帯びた花を多数つける。❷花被片は反り返り、萼片は長さ 6mm。側萼片は幅が広く、唇弁の下に寄り添う。唇弁は長さ 5mm、倒卵状くさび形、中央が凹んで反り返る。蕊柱が唇弁の上にせり出し、距はない。❸花色は黒褐色〜緑色まで変化がある。

☞海外ではヒマラヤ〜中国、台湾、ミクロネシアまでの熱帯〜亜熱帯地域に広く分布。日当りの良いやせた草地に生育し、先駆種となる性質がある。雨季と乾季の明瞭な気候に適応しており、乾季には落葉して球茎だけになる。同属のクモキリソウなども落葉するが、これらは低温に適応している。コクラン（p.86）と近縁だが、本種は球茎が短く、葉のしわが目立ち、1 年で落葉することで区別できる。種小名の *odorata* は「香りがある」の意だが、香りを感じない。この学名は南インド産の植物の図に基づいてつけられたもので、日本のものは別種かもしれない。

ササバランの群落 草原や道路の法面のような日当たりの良い場所に、よく生えている。

生 地生 花 6–7月 分 本（福島県以南）、四、九、琉、伊、小

コクラン【黒蘭】
Liparis nervosa (Thunb.) Lindl.

❶開花時の高さ 15–35cm。葉はゆがんだ卵状楕円形、長さ 5–15cm、幅 2.5–5.5cm、2–3 枚つける。❷花序あたり 5–15 個の花を疎らにつける。❸花被片は反り返り、萼片は狭長楕円形、長さ 5–6mm、唇弁はくさび状倒卵形、中央が凹んで反り返る。蕊柱は淡緑色でせり出し、距はない。

☞海外では韓国の済州島と台湾に分布。日本では常緑広葉樹林や竹林などの林床の暗い場所によく自生している。放置された二次林にも自生し、暖地では最もふつうに見られるラン科のひとつである。花が緑色の個体が稀にある。ユウコクラン（3 巻所収）と似ており、唇弁や蕊柱の形態で区別できるが、両種の分布が重なるところでは開花期以外では区別しづらい。本種は自動自家受粉をする性質があるため、開花後、多くの果実ができることが多い。世界中の熱帯〜亜熱帯に分布するとされることが多いが、別の種を本種と誤同定していることが多く、再検討する必要がある。

生 着生、岩生 花 4-6月 分 本（宮城県以南）、四、九、琉、伊

ヨウラクラン【瓔珞蘭】

Oberonia japonica (Maxim.) Makino

❶木の幹に着生。葉は多肉質で扁平、葉鞘を含め長さ1-4cm、はかま状に2列に互生する。花序は頂生し、長さ4-8cm。❷花序には多数の花が密に輪生する。花は平開し、径約1mm。❸しばしば大株になり、垂れ下がる。

☞海外では朝鮮半島、台湾、中国の福建省に分布。暖温帯〜亜熱帯の樹幹や岩上に着生する。神社の境内など里地でも見られる。生育にともない葉の形が変化するとともに、ひとつの花序でも花ごとに唇弁の形は様々で、形質の評価に注意が必要。花が花序の先端から咲き始めるのはラン科では珍しい。花色の変異が大きく、緑色のものをアオヨウラクランまたはアオバナヨウラクラン var. *viridescens* Makino、赤橙色のものをベニバナヨウラクラン f. *rubriflora* Honda と区別することもある。琉球列島と台湾に分布するアリサンヨウラクラン *O. arisanensis* Hayata と本種の異同については精査が必要である。

生 着生、岩生 花 5–6月 分 本（福島県以南）、四、九、琉、伊 R NT

マメヅタラン【豆蔦蘭】
Bulbophyllum drymoglossum Maxim. ex Okubo

❶根茎は細長く匍匐し、まばらに葉をつける。葉は常緑で多肉質、倒卵形で長さ 6–13mm、幅 5–10mm、花茎は根茎から伸び長さ 7–10mm、花を1個つける。❷しばしば大きな株となり、木の幹や岩を覆いつくす。❸花は淡黄色。萼片は広披針形で長さ 6–10mm。唇弁は長さ 3mm、紅紫色の斑紋がある。唇弁の基部が蝶つがいになり動く。

☞海外では中国南部、台湾、朝鮮半島南部に分布。暖温帯の沢沿いの木や岩など空中湿度が高く安定したところに生育する。マメヅタラン属のほとんどの種は球茎をつくるが本種は生じない。花のないときはシダ植物のマメヅタに似ているが、より小さく白色がかっているので区別できる。マキシモウィッチ Carl J.Maximowicz の研究結果に基づき大久保三郎が発表した、日本人が最も古く発表した植物の学名のひとつ。品種に群馬県下仁田町で発見された花色が暗紅色のベニマメヅタラン f. *atrosanguiflorum* Masam. & Satomi がある。

マメヅタランの群落 沢に面した切り立った岩の適度な日当たりのある面を、覆うように生えている。同様な場所にはマメヅタも生育し紛らわしい。

生 着生、岩生 花 5-6月 分 本（宮城県以南）、四、九、琉（屋久島以北）、伊 R NT

ムギラン 【麦蘭】
Bulbophyllum inconspicuum Maxim.

❶ 根茎は横に這い、高さ 5-8mm の卵形の球茎をまばらにつける。球茎の先端に長さ 1-3.5cm、幅 6-8mm の肉厚な葉を 1 枚つける。球茎の基部から出た花茎に 1-3 個の花をつける。❷岩上でしばしば地衣類とともに生える。❸花は帯黄白色、長さ 3-3.5mm で半開する。

☞海外では朝鮮半島南部に分布。暖温帯の常緑広葉樹林の樹幹や岩上で湿度の高い場所に生育する。花がないとミヤマムギランと区別がつきにくいが、葉がより小さく厚みがあり、先が尖らないことで区別できる。和名は球茎を麦の粒にたとえたもので、平賀源内の『物類品隲』（1763）にすでにこの名が使われている。種小名の *inconspicuum* は「目立たない」の意で、花が葉に隠れるように咲くことから名付けられた。

🟩着生、岩生 🟥6-8月 🟦本（静岡県以南）、四、九、琉（屋久島以北）、伊 🅁 NT

ミヤマムギラン【深山麦蘭】

Bulbophyllum japonicum (Makino) Makino

エピデンドルム亜科

マメヅタラン属

❶❷高さ5-8mmの卵形の球茎をつける。球茎の先端に長さ3-8cm、幅5-10mmの肉厚な葉を1枚つける。長さ約5cmの花茎に3-5個の花をつける。❸花は紅紫色、側萼片が長く伸び、長さ6-9mm、先端は2枚が接着して一体となる。背萼片と側花弁は前屈みになる。

☞海外では中国南部、台湾に分布。暖温帯常緑広葉樹林の湿度が高くやや暗い樹幹や岩場に生育する。花序は一見すると散形のようだが、実際は総状花序である。花序の形態に注目してキルホペタルム属 *Cirrhopetalum* に分ける見解もある。花が黄色のものはキバナミヤマムギラン f. *lutescens* (Murata) Masam. & Satomi と呼ばれる。本種の基準産地は高知県須崎市で、牧野富太郎が『日本植物志図篇』（1891）の第42図版に、自らの線画とともに発表した。

生 着生、岩生 花 4–6月 分 本(三陸海岸・佐渡以南)、四、九、琉(トカラ列島以北)、伊

セッコク【石斛】
Dendrobium moniliforme (L.) Sw.

❶茎は多肉質で棒状。長さ5–25cm、茎の上部に長さ3–7cm、幅5–15mmの披針形の葉をつける。葉の落ちた茎の上部に1–2個ずつ花をつける。❷❸花色はふつう白だが、桃色や黄色を帯びた個体もある。背萼片は長さ20–25mm、花はよく開き芳香がある。❹茎の基部から新芽が伸びはじめているところ。

☞海外ではヒマラヤ～中国、台湾、朝鮮半島南部に分布。暖温帯の樹上や岩上の日当たりのよい場所に生える。茎や花の形態の変異が大きい。江戸時代、本種の変異品は長生蘭(ちょうせい)として愛好され、今日まで残っている品種もある。近縁のオキナワセッコク(3巻所収)は茎が長く下垂し、花被片が細くて長い。キバナノセッコク(p.94)は茎が長く下垂し、花数が多く、花色が黄緑色なので区別は容易である。中国、ヒマラヤから類似したいくつかの種が報告されているが、同一種とすべきかどうか不明な点が多い。古代から岩薬(いわぐすり)や少彦(すくな)の薬根(ひこなのくすね)の名で薬草として利用されてきた。

セッコクの群落 切り立った岩尾根上のモミに着生。日当たりは良いが傍に滝もあり、空中湿度は維持されている。周囲の岩場にも多数生えていた。

生 着生、岩生 花 6–11 月 分 四、九、琉、伊 R EN

キバナノセッコク【黄花の石斛】
Dendrobium catenatum Lindl.

❶茎は円柱状で垂れ下がり、長さ10–150cm。葉は2列状に互生し長楕円状披針形、長さ2–7cm、幅7–20mm。茎の上部に出る総状花序に3–8個の花をつける。❷花は淡黄緑色、唇弁の中心に紫褐色の斑紋がある。背萼片は長さ12–15mm。唇弁は倒卵形、先端は半曲し長さ約15mm、基部に隆起がある。❸側萼片と蕊柱の基部がメンタムと呼ばれる距状のあごをつくる。

☞海外では中国南部、台湾に分布。常緑広葉樹林の樹幹や岩上に着生する。セッコクよりやや暗い場所に生え、耐寒性はより乏しい。菌根菌は担子菌門のツラスネラ属やクヌギタケ属。セッコクとは、茎が垂れ下がる、花序がジグザグに長く伸びる、花が淡黄緑色になる、などの点で区別できる。日本では高知県産の標本に基づき牧野富太郎が命名した *D. tosaense* Makino が学名として定着していた。しかし、上記のより古い学名がキバナノセッコクと同一の植物であることがわかったため、正名が変更された。中国では古くから重要な生薬の原料である。

生 地生 花 4–5月 分 本（福島県以南）、四、九、伊 R NT

シラン【紫蘭】
Bletilla striata (Thunb.) Rchb.f.

エピデンドルム亜科　シラン属

❶開花時の高さ 30–70cm。葉は長楕円形、長さ 15–30cm、幅 1–5cm、縦じわが目立ち、5 枚までつける。花は紫紅色、よく開き、花序あたり 3–7 個つける。❷萼片、側花弁は狭長楕円形、長さ 2.5–3cm、幅 6–8mm。唇弁は浅く 3 裂し、不規則な縦ひだが 5 本ある。❸シロバナシラン。

☞海外では中国長江流域、朝鮮半島南部に分布。暖温帯の日当たりのよい林縁、岩場、法面などに生育し、ときに大群落になる。菌根菌は担子菌門のツラスネラ属。花粉の運び手はニッポンヒゲナガハナバチなどのハナバチ類である。花色の変異が大きく、白花の個体はシロバナシラン f. *gebina* (Lindl.) Ohwi（写真❸）と呼ばれる。琉球列島の西表島で本種と近縁なアマナラン *B. formosana* (Hayata) Schltr.（現在はアマナランの異名とされるコウトウアマナランとして）が採集された記録があるが、詳細は不明。中国では球茎を重要な生薬として利用している。

生 地生 花 4–5月 分 本（紀伊半島以西）、四、九、琉（屋久島以北）、伊 R EN

キリシマエビネ【霧島海老根】
Calanthe aristulifera Rchb.f.

❶開花時の高さ20–70cm。葉は倒卵状狭長楕円形、長さ15–40cm、幅3–8cm、2–4枚つける。エビネに比べやや細く、葉柄が長い。❷花序あたり5–20個の花をつける。花は下向きに半開する。❸花は白色〜淡紫色、萼片と側花弁は長さ12–15mm、唇弁は長さ7–12mm、扇型で浅く3裂、紅色の模様が入る。距は長さ14–18mm、斜上し、ときにやや曲がる。

☞海外では、中国南東部、台湾、韓国の黒山島に分布。暖温帯の常緑広葉樹林下に生育する。キエビネと生育環境が類似し、しばしば同所に生えるが本種の方が稀。自生地では、しばしばエビネやキエビネと交雑したと推定される個体が見られる。また伊豆諸島では、ニオイエビネと交雑したと思われる個体も見られる。花数が少なく小型なものをコキリシマエビネ var. *aristulifera* として区別する見解もある。この見解をとる場合、キリシマエビネは var. *kirishimensis* (Yatabe) Honda となる。ニオイエビネに似るが、唇弁が深く切れ込まず、花が平開しないなどの形質で区別できる。

生 地生 花 5-6月 分 九（大分県） R CR

タガネラン【鏨蘭】

Calanthe bungoana Ohwi

エピデンドルム亜科 エビネ属

❶開花時の高さ65-80cm、葉は線状披針形、長さ30-60cm、幅1.5-3cm、5-6枚をつける。❷花茎上部に約50個の花を密につける。❸花は黄緑色、萼片は卵形、長さ7-10mm、側花弁は倒披針形、長さ6-10mm、萼片と側花弁は周りが外に巻くとともに後ろに反る。唇弁はふつうのラン科と反対で上に位置し、長さ7-8mm、側裂片は楕円形でよく発達するが中央裂片は小さい。基部にとさか状の隆起があり目立つ。距はまっすぐ伸び、長さ7-9mm。

☞日本固有種。石灰岩地の常緑広葉樹林や竹林に生育する。1936年、大井次三郎が新種として発表したときの標本しか長らく知られておらず絶滅したと思われたが、1969年に再発見された。唇弁の位置が上になるなど、エビネ属としては変わった特徴をもつ。DNA情報を使った解析によって、日本には近縁種はないもののツルラン（3巻所収）などと類縁のあることがわかっている。マツダエビネ *C. matsudae* Hayata や、ヒマラヤ〜中国にかけて分布する *C. davidii* Franch. と同種にする見解もある。

生 地生 花 4–5月 分 本（静岡県以西）、四、九 R EN

キエビネ【黄海老根】
Calanthe citrina Scheidw.

❶開花時の高さ40–60cm。葉は広楕円形〜倒卵状披針形、長さ30–60cm、幅5–15cm。❷花茎は直立し、10–15個の花をややまばらにつける。❸花は黄色、エビネより大きく、萼片は楕円形〜卵状披針形、長さ25–35 mm。側花弁は狭卵形、長さ20–30mm、唇弁は長さ20–25mm、3裂し、中央裂片に3または5のひだ状の隆起線がある。距は長さ約5mm。

☞海外では中国の湖南省、台湾、韓国の済州島に分布。暖温帯の常緑広葉樹林、杉植林などの林床に生育する。しばしば大きな群落になる。エビネより暖地に偏って分布するが、亜熱帯域には分布しない。花には甘い芳香がある。花粉の運び手はクマバチ。植林地などではしばしばエビネと交雑し、両者の雑種個体が多く見られる（p.106 タカネ解説参照）。かつて日本の固有種として *C. sieboldii* Decne. ex Regel の学名が使用されていたが、より早く発表された表記の学名を使うことが適当である。中国本土では最近になって発見された。

生 地生 花 4-6月 分 北（南部）、本、四、九、琉、伊 R NT

エビネ【海老根】
Calanthe discolor Lindl.

❶開花時の高さ20–50cm。葉は長楕円形、長さ15–40cm、幅4–10cm、縦じわが多く、基部は細くはっきりした葉柄になり、2–3枚を根生する。花茎は直立し、5–20個の花をつける。❷❸花被片は平開し、萼片と側花弁は褐色に緑色が混ざり、狭卵形、長さ15–20mm。唇弁は3深裂し、長さ8–15mm、帯紅色または白色、3条の隆起線がある。距は長さ5–10mm。❹ヤブエビネ。

☞海外では中国南部〜東部、朝鮮半島に分布。暖温帯の落葉広葉樹林などの林床に生育し、しばしば群落になる。花粉の運び手は小型のハナバチ。管理された山林はよい生育立地となり、かつては里山によく見られた。ヤブエビネ f. *viridialba* (Maxim.) Honda（写真❹）は萼片と側花弁が緑色で唇弁が白色の品種。キリシマエビネ（p.96）やキエビネ（p.98）、サルメンエビネ（2巻所収）、ニオイエビネ（p.100）と同所に自生する場合、しばしば雑種ができる。琉球列島に分布するカツウダケエビネやトクノシマエビネを変種として分ける意見もある（3巻エビネの項参照）。

生 地生 花 4-5月 分 伊 R EN

ニオイエビネ【匂海老根】

オオキリシマエビネ

Calanthe izuinsularis (Satomi) Ohwi & Satomi

❶開花時の高さ 30-70cm。葉は 2-3 枚つけ長楕円形、長さ 20-45cm、幅 5-15cm、革質で光沢がある。❷花序あたり 15-40 個の花を密につける。❸萼片と側花弁は帯白色〜淡紫桃色、披針形〜狭卵形、長さ約 15mm、唇弁は萼片や側花弁より色が淡く、深く 3 裂する。中央裂片に 3 条の隆起線があり基部は黄色を帯びる。距は細長く、長さ 15-30mm。

☞日本固有種。暖温帯の常緑広葉樹林下の、いつも霧がかかるような空中湿度が高い場所に生育する。花粉の運び手は、においの成分の特徴、夜でも目立つ淡い花色、著しく長い距といった特徴からスズメガと予想される。名前のとおり花に強い芳香があり、においで自生地がわかるほどである。遺伝的にエビネときわめて近縁で、また両者が同所に生えることがあるため浸透交雑を起こし、純粋なニオイエビネは少ない。さらにごく稀ではあるが、ニオイエビネとキリシマエビネ（p.96）の雑種スイショウ（*Calanthe aristulifera* × *C. izuinsularis*）が知られている。

生 地生 花 4-5月 分 九（鹿児島県） R EN

サクラジマエビネ【桜島海老根】
Calanthe mannii Hook.f.

❶開花時の高さ 30~70cm。新しい葉の展開とともに花茎が伸びて開花する。葉は長楕円状倒披針形、2-4 枚をつけ、長さ 20-70cm、幅 4-6cm。❷花序あたり 10-40 個の花を花茎上部につける。❸萼片と側花弁は緑色、唇弁は黄色。花は完全に開かない。萼片は長さ 7-9 mm、側花弁は長さ 6-8 mm、唇弁は長さ 9-10 mm、距は長さ 2-3 mm。

☞海外ではヒマラヤ～ミャンマー、ベトナム、中国南部に分布。暖温帯の常緑広葉樹林の林床に生育する。大陸では標高 600-2400m の山地に自生する。大陸の個体は褐色の花をつけることが普通だが、日本産の個体の花は緑色で褐色を帯びない。エビネに似るが、花は小さく下向きに咲く。自動自家受粉をすることが知られている。日本では、桜島で採集された標本に基づき *C. oblanceolata* Ohwi & T.Koyama として 1957 年に発表された。ヒマラヤの標本から記載された *C. mannii* と同じであることがわかり、より早く発表された後者が正名となる。

生 地生 花 7–8月 分 北、本、四、九、伊 R VU

ナツエビネ【夏海老根】
Calanthe puberula Lindl.

❶開花時の高さ20–40cm。5–20個の花をまばらにつける。葉は長楕円形、長さ10–30cm、幅3–6cm、3–8枚つける。縦じわが目立ち、ほとんど光沢がない。❷❸萼片、側花弁ともに淡紫色、やや赤みを帯びる場合がある。萼片は長さ13–20mm、後方に反り、側花弁は長さ12–15mm、線形で横に広がる。唇弁は萼片、側花弁よりも濃色、3裂して下垂し、距はない。

☞海外ではヒマラヤ～中国東部、台湾、朝鮮半島南部に分布。冷温帯～暖温帯の渓流沿いのような空中湿度の高い樹林内に生え、木の幹に着生することもある。花粉の運び手はマルハナバチの仲間。エビネの他の種からは花に距がない、1つのシュートに複数の花茎をつける、葉柄が幅広くはっきりしない、といった特徴で区別できる。北海道奥尻島と青森県に分布し、葉の裏に短毛があるオクシリエビネ var. *okushirensis*（Miyabe & Tatew.）M.Hiroe を変種として区別することがある。本種の学名に *C. refexa* Maxim. を使うことが多いが、現在では *C. puberula* の異名と見なされる。

生|地生 花|4–5月 分|本（紀伊半島以西）、四、九

ヒゴ【肥後】　　　　　　　　　　　　　　　ヒゴエビネ

Calanthe aristulifera Rchb.f. × *C. citrina* Scheidw.

エビデンドルム亜科

エビネ属

❶開花時の高さ30–50cm。葉を2–3枚つける。キエビネに似て大型なものが多い。この自生地ではキリシマエビネ、キエビネ、エビネが混生していた。❷花茎に10–15個の花をつけ、黄色みを帯びた花が多いが、色調は個体によって様々。キリシマエビネのように含み咲きになることもある。

☞キリシマエビネ（p.96）とキエビネ（p.98）の推定雑種、両種がともに生える自生地などで稀に見られる。キエビネより花の黄色が淡く、距が長く、花が小さい個体が本雑種と考えられる。エビネ属では自然交雑種が日本ばかりでなく海外でもしばしば見られるが、種ごとの花粉の運び手が完全に分化していないことが一因だろう。また、本来は生育環境の異なる複数の種の分布が重なる機会が少なかったものが、植林等の開発によって生育立地が撹乱された結果、交雑の機会が増えた可能性がある。和名は分布域に含まれる九州の旧国名「肥後」のことで、伊藤五彦・唐沢耕司著『エビネとその仲間』（1969）中で提唱された。

生 地生 花 4–5月 分 本（紀伊半島以西）、四、九、伊

ヒゼン【肥前】

ヒゼンエビネ

Calanthe aristulifera Rchb.f. × *C. discolor* Lindl.

❶開花時の高さ 20–40cm。葉はエビネに似るが、やや細いものが多く、2–3枚つける。❷花茎に 10–20個の花をつけ、キリシマエビネに似た淡紫桃を帯びる花色の個体が多い。

☞キリシマエビネ（p.96）とエビネ（p.99）の雑種とされ、両種の分布する地域で見られる。キリシマエビネとの区別の難しい個体が多いが、キリシマエビネに比べて、葉柄が不明瞭で葉の幅が広い、花がよく開く、唇弁の形と色、そして距の形がエビネに似る、といった形質のいずれかをもつ個体は本雑種と推定される。和名はこの雑種がよく見られた九州北西部の旧国名「肥前」に因む。ヒゴと同じく『エビネとその仲間』の中で和名が提唱されたが、学名はないため雑種式でのみ示される。

生 地生 花 4-5月 分 伊

コウヅ【神津】

コウヅエビネ

Calanthe discolor Lindl. × *C. izuinsularis* (Satomi) Ohwi & Satomi

❶開花時の高さ 30–50cm。葉の大きさや形は両親種の中間的なものが多く、ニオイエビネほど大きくならない。花序あたり 10–20 個程度の花をつける。❷この個体は萼片、側花弁が濃い赤褐色で、エビネに似る。花色の変異は非常に大きく、両親種に似るものや中間的なもの、黄緑色の個体もある。❸ニオイエビネに似た紫色の強い個体。

☞エビネ（p.99）とニオイエビネ（p.100）の自然雑種で、両種の分布が重なる伊豆諸島のいくつかの島で見られる。花色のほか、唇弁の形、距の長さなどの形質で雑種個体はだいたい区別できるが、両親種との区別が難しい場合もある。和名はこの雑種を多産した伊豆諸島の神津島に因む。現在のニオイエビネの自生集団では、エビネの形質をもったコウヅと見なされる個体が多い。エビネの浸透交雑が拡がっている可能性が高く、ニオイエビネの保全を進めるうえで大きな問題をはらんでいる。

生 地生　花 4–5月　分 本（紀伊半島以西）、四、九

タカネ【飴？】

タカネエビネ、ソノエビネ

Calanthe ×*striata* R.Br. ex Spreng.

❶開花時の高さ30–60cm。10–15個の花をつける。キエビネに似て、全体に大型、葉は長楕円形、長さ20–30cm、2–3枚をつける。❷花全体が黄色がかった個体が多い。❸唇弁の色、形ともにエビネに似る個体。❹エビネとキエビネの中間的なオレンジ色を帯びた個体もよく見られる。

☞エビネ（p.99）とキエビネ（p.98）の自然雑種とされる。一般にエビネよりは花が大きくて黄色の強い個体が多いが、花の色、形、大きさは様々。中国にはキエビネに近縁で花に褐色を帯びる *C. hancokii* Rolfe があるため、タカネも雑種ではないとする見解がある。しかしながら、タカネの形質は両親種に似るものから中間的なものまで連続的であるため、雑種と見なすことが適当だろう。なお、エビネ、キエビネに加えキリシマエビネの形質を有する3種間の推定雑種はサツマと呼ばれている。和名は飴の古語「たがね」に由来すると前川文夫が考証している。褐色系の花を水飴の色に見立てたもの。

生 地生 花 10下 –11月 分 本（紀伊半島）、四（南部）、九、琉（奄美大島以北） R EN

アキザキナギラン【秋咲椰蘭】

Cymbidium aspidistrifolium Fukuy.

エビデンドルム亜科

シュンラン属

❶開花時の高さ 10–20cm。花茎は直立し花を 1–4 個つける。❷葉は長さ 20–30cm、幅 2–4cm、楕円形で 1–3 枚つけ、革質で光沢のある暗緑色。縁に鋸歯がない。❸萼片と側花弁は淡緑色、唇弁は緑色を帯びるクリーム色。側花弁と唇弁に紫褐色の斑紋が入る。側花弁の長さ 17mm。

☞海外では韓国の済州島、台湾に分布。暖温帯常緑広葉樹林の林床に生育する。日本西南部各地から報告があるが、個体数はきわめて少なく観察例も少ない。現在ナギラン（p.113）、オオナギラン（3巻所収）とともに *C. lancifolium* Hook. にまとめられることが多いが、3 者は別種である。ナギランと異なり晩秋に開花し、花色は緑色が強く、葉の縁に鋸歯がない。また、ナギランは当年に伸びた栄養茎に花をつけるが、本種は 1 年前に伸びた栄養茎から花茎を出す。種小名の *aspidistrifolium* はハランに本種の葉が似ていることに因む。

生 地生 花 3–4月 分 北、本、四、九、琉（屋久島、種子島以北）、伊

シュンラン【春蘭】

ホクロ、ジジババ

Cymbidium goeringii (Rchb.f.) Rchb.f.

❶開花時の高さ 10–25cm。葉は線形、長さ 20–35cm、幅 6–10mm、縁に細かい鋸歯があり、3–5 枚つける。花茎に花を 1 個つけることがふつうだが、稀に 2 個つける。❷萼片はよく開き、長さ 3–3.5cm。唇弁は乳白色で紫褐色の模様が入る。舌状で外曲し中心部に 2 本の隆起がある。❸裂開した果実。結実した花茎は長く伸長する。初冬に完熟・裂開し、種子が風に乗って運ばれる。

☞海外ではヒマラヤ西部〜中国、朝鮮半島、台湾に分布。暖温帯落葉広葉樹林のやや明るく乾いた斜面に生育することが多い。花粉の運び手はケブカコシブトハナバチなど。ツラスネラ属のような腐生菌とベニタケ科、ロウタケ科のような外生菌根菌と 2 つのタイプの担子菌門の菌と共生する変わった特徴をもつ。本種は里山のような人がつくりだした二次林の環境に適応しているため、身近な植物になっている。個体数が多いので、花の色や形に様々な変異が見つかっている。対馬にはツシマニオイシュンランと呼ばれる、側花弁が開き花の香りのはっきりした集団がある。

エピデンドルム亜科 シュンラン属

ホソバシュンラン f. *angustatum* (F. Maek., nom.nud) T.Yukawa, ined. 葉の幅が 4-6mm と狭い品種。高知県と徳島県にしか見られない。

ホソバシュンランの花　シュンランより萼片の幅が狭い。

シュンラン　黄色の強い個体

シュンラン　緑がぬけた色の淡い個体

シュンラン　萼片に赤みの強い個体

生 地生 花 6–10月 分 本、四、九、琉 R CR

スルガラン【駿河蘭】
Cymbidium ensifolium (L.) Sw.

❶開花時の高さ 60cm まで、葉は長さ 30–90cm、幅 8–16mm、光沢はない。3–9個の花をつける。❷花色は黄緑色〜褐色を帯びた黄色まであり、赤褐色の筋が入る個体もある。唇弁には紫褐色の斑紋が入ることが多い。萼片はよく開き、長さ 2–3cm、幅 5–9mm。側花弁はより短く蕊柱を囲み、長さ 14–26mm。唇弁は舌状で反曲し、長さ 14–22mm。

☞海外ではヒマラヤ〜中国、東南アジアを経てニューギニアまで分布。主に常緑広葉樹林の林床に生育する。葉と花の形質に変異が大きいため、昔から多くの種が記載されているが、種の実体はいまだ明らかでない。日本西南部各地から記録があるが、本来の自生かどうかさらに検討が必要である。九州の天草地方には、コラン *C. koran* Makino と呼ばれる、葉の長さが 30–35cm の小型の個体が自生するが、本書ではスルガランの範疇に入るものとして扱う。写真はコランと称される個体の栽培品。

生 地生 花 11–1月 分 本（静岡県以西）、四、九、琉 R CR

エピデンドルム亜科

シュンラン属

カンラン【寒蘭】
Cymbidium kanran Makino

❶開花時の高さ25–60cm。葉は広線形、長さ20–70cm、幅6–17mm。3–15個の花をまばらにつける。❷萼片は広線形でよく開き、長さ3–4cm、幅3.5–4.5mm。側花弁は蕊柱を囲むように伸び、長さ2–3cm。唇弁は舌状で反曲し、紫紅色の斑紋が入り、長さ20–27mm。❸花被片が黄緑色の個体。

☞海外では中国南部、台湾、韓国の済州島に分布。暖温帯〜亜熱帯の常緑広葉樹林のやや乾いた林床に生育する。花粉の運び手はニホンミツバチ。紫色と緑色のコンビネーションによる花色の変異が大きく、花に芳香がある。類似種のスルガランは本種より萼片が短く、ホウサイ（3巻所収）は葉と萼片の幅が広い。アキザキナギラン（p.107）との自然雑種ナギノハヒメカンラン *C.* ×*nomachianum* T.Yukawa & Nob.Tanaka が高知県から報告されている。同じく高知県から見つかったハルカンラン *C.* ×*nishiuchianum* Makino ex J.M.H. Shaw は、本種とシュンラン（p.108）の自然雑種と言われるものの、起源は疑わしい。

| 生 地生 花 6-10月 分 本（関東地方以西）、四、九、琉（屋久島、種子島、奄美大島）、伊 R VU |

マヤラン【摩耶蘭】
Cymbidium macrorhizon Lindl.

❶開花時の高さ 5-30cm。花序あたり 2-5 個の花をつける。群生することが多い。❷花は乳白色地に紫紅色の模様が入るが、個体差がある。萼片はよく開き、長さ 19-26mm、幅 4-6mm、側花弁は蕊柱を囲み、長さ 14-20mm、唇弁は卵形、長さ 12-17mm。❸全体に赤みの強い個体。

☞海外ではパキスタン〜ヒマラヤ全域、インドシナ、中国、朝鮮半島に分布。ブナ科、カバノキ科、マツ科の優占する林の林床に生育する。菌従属栄養植物で葉をもたない。菌根菌は主に担子菌門のロウタケ属で、ときにイボタケ属、ベニタケ属などとも共生する。自動自家受粉を行う。地中の根茎が枝分かれして、ひとつの個体から一度に数十の花茎を出すことも稀ではない。しかし個体群の消長が激しく、大きな株でも数年で消えてしまうこともある。かつて関東地方では希少であったが、近年急速に分布を拡大している。ただし全国レベルでは今もきわめて稀である。シュンラン属は光合成する種から菌従属栄養種まで、また着生から地生まで、生活様式の多様性が著しい。

生 地生 花 7月上–8月上 分 本（千葉県以西）、四、九、琉、伊 R VU

ナギラン【梛蘭】
Cymbidium nagifolium Masam.

❶開花時の高さ 10–25cm。花序あたり 2–4 個の花をつける。❷葉は葉柄も含めて長さ 6–30cm、幅 1.5–3cm、長楕円形〜倒披針形、先端部の縁に細鋸歯があり、1–3 枚をつける。革質で光沢のある暗緑色。❸唇弁は白色に紫紅色の斑紋が入る。❹萼片は長さ 20–25mm でにじんだ白色、よく開く。

☞海外では韓国の済州島に分布。常緑広葉樹林の林床に生育する。尾根近くの斜面に多い。花粉の運び手は主にミツバチ類だが自動自家受粉する。菌根菌は担子菌門のツラスネラ属とロウタケ属。葉が発達するので一見、独立栄養に見えるが、菌にかなり栄養依存しており、暗い場所でも生育できる。開花期が夏で、葉の縁に鋸歯があることでアキザキナギラン（p.107）やオオナギラン（3 巻所収）と区別できる。これまで本種に *C. lancifolium* Hook. の学名が充てられていたが、この学名はオオナギランに充てることが適当。品種に、唇弁が側花弁化したホシガタナギラン f. *conforme* Suetsugu がある。

サガミラン 【相模蘭】

サガミランモドキ

Cymbidium nipponicum (Franch. & Sav.) Rolfe

生地生 花 6–10月 分 本（関東地方） R EN

❶開花時の高さ5–30cm。2–5個の花をつける。群生することが多い。❷花は緑色を帯びる乳白色。萼片はよく開き、長さ約20mm、幅約5mm、側花弁は蕊柱を囲み、長さ約15mm、唇弁は卵形、長さ約15mm。❸果実。サガミランもマヤランも自動自家受粉をするため大部分の花が結実する。サガミランの方が小果柄が不明瞭で、果実の中央部が最もふくらむ傾向がある。

☞日本固有種。菌従属栄養植物で葉をもたない。菌根菌は主に担子菌門のロウタケ科。マヤラン（p.112）に似るが、本種は側花弁が幅広く、花色が異なり、小花柄がねじれず、果実の形が異なる。一般にはマヤランの白花品とされるが、遺伝子レベルの分化も大きく、別種として扱うのが適当。本種と疑われる植物に複数の学名があるため、いずれの学名を充てるか問題だったが、基準標本を検討した結果、表記の学名を使うことが適当であることがわかった。壱岐や徳島県など、西日本にも分布の記録があるが、詳細は不明。本種とマヤランの側花弁は唇弁化に似た形態に進化しており、唇弁と同様の隆起線が見られる。

生 着生 花 4–6月 分 本（岩手県以南）、四、九（屋久島以北） R VU

マツラン【松蘭】　　　　　　　　　　　ベニカヤラン

Gastrochilus matsuran (Makino) Schltr.

エピデンドルム亜科　カシノキラン属

❶木の幹に着生。茎は下垂し、長さ1–3cm、基部から伸びる根で樹皮に着生する。葉は厚く革質、長楕円形で暗紫色の斑紋があり、長さ7–20mm、幅3–5mm、2列に互生する。花序は葉腋から伸び、花を1–4個つける。❷樹皮にゆるく着生するため、木から落下した株をよく見かける。❸花は黄緑色地に紅紫色の斑紋が入り、径6–9mm、唇弁の基部は囊状にふくらむ。

☞海外では朝鮮半島南部、済州島に分布。暖温帯に自生し、沿岸ではクロマツ林、内陸では常緑広葉樹林の樹幹に着生することが多い。花色には変異が大きく、紅紫色の斑紋のないものをホシナシベニカヤラン f. *epunctatus* F.Maek. と呼ぶが、学名は正式に発表されていない可能性がある。本種は牧野富太郎が高知県横倉山の標本に基づいて発表した。本種を *Saccolabium* 属に含めることが多いが、*Gastrochilus* 属に含めることが適当である。和名は、松に着生することが多いことによる。

生 着生 花 6–9月 分 本（千葉県以西）、四、九、琉 R VU

カシノキラン【樫の木蘭】

Gastrochilus japonicus (Makino) Schltr.

❶木の幹に着生。茎は短く基部から伸びる根で樹皮に張りつき、幹に対し垂直に伸びる。葉は厚く革質、狭長楕円形、長さ 3–10cm、幅 6–15mm、2 列に互生する。花序は葉腋から伸び 4–10 個の花をつける。❷萼片と側花弁は淡黄色で長さ約 4mm。唇弁は白色、前方に黄色、基部に暗紅褐色の着色があり、基部は嚢状にふくらむ。❸受粉直後の果実。

☞海外では韓国の済州島に分布。分布域に台湾を含める文献があるが、おそらく誤り。台湾にはよく似た *G. somae* (Hayata) Hayata が分布し、両者を同一種とする誤った解釈がなされたことに起因する。また香港からも本種の分布が報告されているが、実際は *G. somae* である。暖温帯〜亜熱帯の常緑広葉樹林のやや暗い場所の木の幹や枝に着生する。本種は牧野富太郎が最初期に発表した種のひとつで、1891 年、『日本植物志図篇』第 7 集で高知県と沖縄県の標本に基づいて記載した。和名はカシに着生すること、あるいは葉の雰囲気がカシに似ていることのいずれかと考えられる。

カシノキランの群落 暗くじめじめした沢沿いのカシ類の樹幹に着生していた。周辺のモミにも着いていた。

生着生 花 3–4月 分 本（宮城県以南）、四、九（宮崎県） R VU

モミラン【樅蘭】

Gastrochilus toramanus (Makino) Schltr.

❶細い茎が分枝しながら樹幹を這い、マット状に広がる。花序は腋生、ややや垂れ、花を 1–6 個かたまってつける。❷葉は革質で厚く、卵状楕円形、長さ 5–11mm、幅 2.5–5mm、暗紫色の斑点が入り、ややまばらに 2 列に互生する。❸萼片と側花弁は淡黄緑色、中心にかけて紅紫色の斑紋が入り、長さ 2.5–3.5mm。唇弁は白色、上唇部の中央に黄緑色の斑紋が入る。唇弁基部からは長さ 3–4mm の距が後方に伸びる。

☞日本固有種。暖温帯の落葉広葉樹と針葉樹の混交林の樹幹に着生する。分布域は広いが、限られた自生地しか知られていない。日本産の他のカシノキラン属の種と異なり、茎全体から根が出るため樹皮にしっかり張りつく。花にヒサカキのような臭いがあることも特徴。近縁種に屋久島に分布するマツゲカヤラン（3 巻所収）があるが、本種より距が短く、唇弁の縁に毛が生える。台湾に自生する *G. raraensis* Fukuyama もモミランによく似ており同種とする意見もあるが、別種である。種小名は発見者の吉永虎馬への献名。

生着生、岩生 花 6-8月 分布 本（群馬県以南）、四、九 R VU

ムカデラン【百足蘭】

Pelatantheria scolopendrifolia (Makino) Aver.

❶茎は匍匐し、長く伸びながらまばらに分枝し、ところどころから太い根を出して岩に張りつく。❷❸花序は側生し、花を1個つける。花は径8mm、萼片と側花弁は淡紫紅色、楕円形、長さ2mm。唇弁は白色、側裂片は黄色に染まり、唇弁の後方に袋状の距が発達する。❹葉は2列にならび互生、円柱形、長さ6-10mm。

☞海外では中国東〜南部、朝鮮半島南部、済州島に分布。暖温帯の向陽地の樹幹や岩上に生育し、しばしば大きな株になる。成長して数年以上経つ茎の古い部分からも花が咲く変わった特徴がある。本種の分類については古くから議論があり *Cleisostoma* 属とされることが多いが、DNAを用いた解析の結果、*Pelatantheria* 属とすることが適当であることがわかった。ムカデランは牧野富太郎がもっとも初期に発表した種のひとつである。磯野直秀によると、ムカデランの名が最初に現れるのは小野蘭山の『紀州採薬記』（1802年）であるという。

生 着生 花 5–8月 分 本（福島県以南）、四、九、琉

クモラン【蜘蛛蘭】
Taeniophyllum glandulosum Blume

❶短い茎から放射状に出る扁平な根が幾重にも重なりあって樹皮に張りつく。長さ 4–7mm の花序を 1–5 本出し、花を 1–3 個つける。❷花は淡緑白色で筒状、長さ 2mm、萼片と側花弁は途中まで合着する。花は 1 日でしおれる。❸大株になると根は塊状になる。

☞海外では、インド東部以東のアジアの熱帯〜暖温帯の湿潤地域に広く分布。日当たりのよい場所の木に着生し、庭のウメやサクラ、植林地のスギなどの枝でもよく見られる。菌根菌は担子菌門のケラトバシディウム属。結実している株をよく見るが、花粉の運び手はわかっていない。フウラン連 tribe Vandeae では葉が退化して鱗片状になり、その代わり根の葉緑体で光合成を行う進化が、クモラン属の他いくつかのグループで複数回起こっている。種子発芽後、葉のような扁平な器官が成長し、長さ 1cm におよぶが、葉ではなく胚軸に由来する。本種の範囲を狭く捉えれば、牧野富太郎が高知県産標本に基づいて発表した *T. aphyllum* Makino を使うことが適当。

生着生、岩生 花 3-5月 分本（宮城県以南）、四、九

カヤラン【榧蘭】
Thrixspermum japonicum (Miq.) Rchb.f.

❶❷茎は下垂し長さ3-10cm、中ほどから基部にかけて出る根でゆるく樹皮に着く。葉は2列に互生し革質、狭長楕円形、長さ2-4cm、幅4-6mm。花序は腋生し長さ2-4cm、花を2-6個をつける。❸花は垂れ下がった姿勢で咲き淡黄色、萼片は長楕円形、長さ6-8mm。唇弁は側裂片が発達し蕊柱を囲み、内側に暗紫色の斑紋が入る。

☞海外では中国南部、韓国の済州島に分布。暖温帯の湿度の高い場所の木の枝、岩などににぶら下がって着生する。大きな株になることは稀だが、個体を維持し続けるのでなく有性生殖で世代交代しながら明るい場所に移動する繁殖戦略を取っているからだと考えられる。*Sarcochilus*属とされることが多いが、別属として扱うことが適当。本種はシーボルトSieboldが日本から持ち帰った標本に基づいてミクエルMiquelが記載した。和名は葉の形をカヤの葉になぞらえたもの。

生 着生、岩生 花 6–8月 分 本（茨城県以南）、四、九、琉（沖縄島、北大東島以北）、伊 R VU

フウラン【風蘭】
Vanda falcata (Thunb.) Beer

❶茎は短く、基部から根を伸ばし樹皮に着生。葉は2列に互生、革質、広線形で横断面はV字形、長さ5–10cm、幅6–8mm。花序は腋生し、長さ3–10cm、花を3–10個つける。❷花は白色だが紅を帯びる個体もある。萼片と側花弁は線状披針形、長さ1cm。唇弁は長さ7–9mm、浅く3裂する。❸花の側面。唇弁の基部から距が前方に曲がりながら下垂、長さ4–5cm。

☞海外では中国東南部、朝鮮半島南部・済州島に分布。暖温帯〜亜熱帯の主に海岸近くの木や岩に着生する。花粉の運び手がスズメガ科のコスズメ属のいくつかの種であることが、最近の研究で明らかになった。白い花色、長い距、甘い香り、これらの形質の組み合わせは、夜行性のガに花粉媒介をゆだねる種の特徴。本種はアフリカでガ媒に進化したアングレクム属 *Angraecum* と瓜二つで、収斂進化の好例である。国際的にフウラン属 *Neofinetia* として定着しているが、DNAを用いた解析の結果、*Vanda* 属とすることが適当であることがわかった。葉の変異個体は富貴蘭の名で栽培される。

イヌマキに着生しているフウランの群落 比較的乾燥した場所でも生育できるので、市街地の木などに生えていることもある。

日本産ラン科植物分類表

1. ヤクシマラン亜科 APOSTASIOIODEAE
  ヤクシマラン属 *Apostasia*
2. バニラ亜科 VANILLOIDEAE
 2-1. バニラ連 Vanilleae
  ツチアケビ属 *Cyrtosia*
  タカツルラン属 *Erythrorchis*
  ムヨウラン属 *Lecanorchis*
 2-2. トキソウ連 Pogonieae
  トキソウ属 *Pogonia*
3. アツモリソウ亜科 CYPRIPEDIOIDEAE
  アツモリソウ属 *Cypripedium*
4. チドリソウ亜科 ORCHIDOIDEAE
 4-1. チドリソウ連 Orchideae
  4-1-1. チドリソウ亜連 Orchidinae
   ヒナラン属 *Amitostigma*
   ミスズラン属 *Androcorys*
   ハクサンチドリ属 *Dactylorhiza*
   オノエラン属 *Galearis*
   テガタチドリ属 *Gymnadenia*
   ミズトンボ属 *Habenaria*
   ムカゴソウ属 *Herminium*
   ノビネチドリ属 *Neolindleya*
   ミヤマモジズリ属 *Neottianthe*
   サギソウ属 *Pecteilis*
   ムカゴトンボ属 *Peristylus*
   ツレサギソウ属 *Platanthera*
   ウチョウラン属 *Ponerorchis*
 4-2. ディサ連 Diseae
  4-2-1. コリキア亜連 Corycilinae
   ジョウロウラン属 *Disperis*
 4-3. クラニチス連 Cranichideae
  4-3-1. シュスラン亜連 Goodyerinae
   キバナシュスラン属 *Anoectochilus*
   カイロラン属 *Cheirostylis*
   ホソフデラン属 *Erythrodes*
   シュスラン属 *Goodyera*
   ヒメノヤガラ属 *Hetaeria*
   ハクウンラン属 *Kuhlhasseltia*
   ナンバンカゴメラン属 *Macodes*
   アリドオシラン属 *Myrmechis*
   オオギミラン属 *Odontochilus*

ミゾボシラン属 *Vrydagzynea*
キヌラン属 *Zeuxine*
- 4-3-2. ネジバナ亜連 Spiranthinae
ネジバナ属 *Spiranthes*
- 4-4. ディウリス連 Diurideae
- 4-4-1. アキアンツス亜連 Acianthinae
コオロギラン属 *Stigmatodactylus*
オオスズムシラン属 *Cryptostylis*
- 4-4-2. プラソフィルム亜連 Prasophyllinae
ニラバラン属 *Microtis*

5. エピデンドルム亜科 EPIDENDROIDEAE
- 5-1. サカネラン連 Neottieae
タネガシマムヨウラン属 *Aphyllorchis*
キンラン属 *Cephalanthera*
カキラン属 *Epipactis*
サカネラン属 *Neottia*
- 5-2. ネッタイラン連 Tropidieae
バイケイラン属 *Corymborkis*
ネッタイラン属 *Tropidia*
- 5-3. ムカゴサイシン連 Nervilieae
- 5-3-1. ムカゴサイシン亜連 Nerviliinae
ムカゴサイシン属 *Nervilia*
- 5-3-2. トラキチラン亜連 Epipoginae
トラキチラン属 *Epipogium*
イリオモテヨウラン属 *Stereosandra*
- 5-4. オニノヤガラ連 Gastrodieae
コカゲラン属 *Didymoplexiella*
コウレイラン属 *Didymoplexis*
オニノヤガラ属 *Gastrodia*
- 5-5. ホテイラン連 Calypsoeae
ホテイラン属 *Calypso*
サイハイラン属 *Cremastra*
イチヨウラン属 *Dactylostalix*
コイチヨウラン属 *Ephippianthus*
コケイラン属 *Oreorchis*
ヒトツボクロ属 *Tipularia*
ショウキラン属 *Yoania*
- 5-6. ホザキイチヨウラン連 Malaxideae
オキナワヒメラン属 *Crepidium*
ホザキヒメラン属 *Dienia*
ヤチラン属 *Hammarbya*
クモキリソウ属 *Liparis*
ホザキイチヨウラン属 *Malaxis*
ヨウラクラン属 *Oberonia*

5-7. セッコク連 Dendrobieae
5-7-1. マメヅタラン亜連 Bulbophyllinae
マメヅタラン属 *Bulbophyllum*
5-7-2. セッコク亜連 Dendrobiinae
セッコク属 *Dendrobium*
5-8. アレツサ連 Arethuseae
5-8-1. アレツサ亜連 Arethusinae
サワラン属 *Eleorchis*
5-8-2. コエロギネ亜連 Coelogyninae
ナリヤラン属 *Arundina*
シラン属 *Bletilla*
5-9. ポドキルス連 Podochileae
5-9-1. オサラン亜連 Eriinae
オサラン属 *Eria*
リュウキュウセッコク属 *Pinalia*
5-10. コラビウム連 Collabieae
エンレイショウキラン属 *Acanthephippium*
エビネ属 *Calanthe*
トクサラン属 *Cephalantheropsis*
ヒメクリソラン属 *Hancockia*
ガンゼキラン属 *Phaius*
コウトウシラン属 *Spathoglottis*
ヒメトケンラン属 *Tainia*
5-11. シュンラン連 Cymbidieae
5-11-1. シュンラン亜連 Cymbidiinae
シュンラン属 *Cymbidium*
5-11-2. イモネヤガラ亜連 Eulophiinae
イモネヤガラ属 *Eulophia*
トサカメオトラン属 *Geodorum*
5-12. フウラン連 Vandeae
5-12-1. エリデス亜連 Aeridinae
ジンヤクラン属 *Arachnis*
サガリラン属 *Diploprora*
カシノキラン属 *Gastrochilus*
ニオイラン属 *Haraella*
ボウラン属 *Luisia*
ムカデラン属 *Pelatantheria*
ナゴラン属 *Sedirea*
イリオモテラン属 *Staurochilus*
クモラン属 *Taeniophyllum*
カヤラン属 *Thrixspermum*
フウラン属 *Vanda*

写真撮影データ

※データは、写真番号＋撮影地＋撮影日＋撮影者（敬称略、姓のみ表記は著者）

p.4……ツチアケビ
❶東京都八王子市 1994.6.26 中山
❷同 1993.7.29 中山
❸広島県廿日市市 2013.7.20 鷹野
❹熊本県阿蘇市 2010.9.2 松岡

p.5……ムヨウラン
❶東京都青梅市 2003.6.13 中山
❷東京都八王子市 1994.6.17 中山
❸茨城県東茨城郡 1986.6.8 鷹野

p.6……ホクリクムヨウラン
❶福井県 2000.6.4 松岡
❷兵庫県 1989.6.17 松岡
❸岐阜県 2012.6.3 松岡

p.7……キイムヨウラン
❶岐阜県 2012.6.3 松岡
❷東京都青梅市 2000.6.8 中山
❸岐阜県 2008.6.7 鷹野

p.8……ウスキムヨウラン
❶宮崎県霧島山麓 1992.5.31 松岡
❷❸鹿児島県奄美大島 1985.5.7 山下

p.9……エンシュウムヨウラン
❶愛知県瀬戸市 2000.6.3 中山
❷同 2000.6.4 鷹野
❸同 2001.5.26 鷹野

p.10……クロムヨウラン
❶東京都青梅市 2005.8.18 中山
❷同 2004.8.13 中山
❸静岡県 1986.8.24 松岡

p.11……アワムヨウラン
❶鹿児島県屋久島 2007.8.25 松岡
❷徳島県海部郡 1988.8.8 鷹野
❸鹿児島県屋久島 2007.8.25 松岡

p.12……ミドリムヨウラン
❶宮崎県 1994.5.3 松岡
❷同 1997.5.10 松岡
❸同 1994.5.3 鷹野

p.13……トキソウ
❶千葉県山武市 1987.5.13 松岡
❷石川県小松市 2008.6.28 中山
❸佐賀県唐津市 2013.6.2 鷹野

p.14……クマガイソウ
❶千葉県山武市 1988.5.4 松岡
❷埼玉県大宮市 1979.4.29 鷹野
❸同 2011.5.2 新井和也

p.15……クマガイソウの群落
千葉県四街道市 1995.4.29 鷹野

p.16……ヒナラン
❶❷兵庫県 1989.6.17 松岡
❸茨城県常陸大宮市 2009.6.29 中山

p.17……イワチドリ
❶和歌山県 1989.4.29 鷹野
❷三重県多気郡 2004.5.19 新井和也
❸東京都伊豆諸島 1995.5.12 中山

p.18……ニイジマトンボ
❶東京都新島村 2007.9.3 山下仁左衛門
❷❸同 2009.9.6 八木正徳

p.19……イヨトンボ
❶徳島県海部郡 2004.9.12 鷹野
❷千葉市原市 1987.9.12 松岡
❸同 1989.9.9 松岡

p.20……オオミズトンボ
❶千葉県山武市 1988.8.13 松岡
❷❸栃木県那須郡 2005.8.19 中山

p.21……ミズトンボ
❶茨城県 1995.8.26 松岡
❷福島県猪苗代湖 2005.8.19 中山
❸神奈川県箱根町 1997.8.27 中山

p.22……ムカゴソウ
❶千葉市原市 1988.9.11 松岡
❷❸鹿児島県奄美大島 2005.4.12 中山

p.23……サギソウ
❶広島県世羅郡 2006.8.13 鷹野
❷千葉県山武市 1988.8.13 松岡
❸岡山県岡山市 1997.7.28 中山

p.24……ムカゴトンボ
❶高知県安芸郡 1988.9.15 鷹野
❷同 1988.10.2 松岡
❸同 1988.9.4 鷹野

p.25……ニイタカチドリ
❶❷鹿児島県屋久島 1995.7.9 松岡
❸同 2006.9.3 鷹野
p.26……ミズチドリ
❶山梨県大菩薩 1986.7.20 中山
❷尾瀬 2000.7.27 中山
❸尾瀬 1995.8.5 中山
p.27……イイヌマムカゴ
❶❷徳島県 2009.7.25 鷹野
p.28……ツレサギソウ
❶東京都八王子市 1995.6.10 松岡
❷❸同 1998.5.17 中山
p.29……ハシナガヤマサギソウ
❶山口県 2005.5.21 松岡
❷同 2003.5.10 鷹野
p.30……マイサギソウ
❶千葉県山武市 1989.6.24 松岡
❷❸同 1995.6.18 鷹野
p.31……ヤマサギソウ
❶東京都八王子市 1995.6.3 松岡
❷❸尾瀬 2011.7.25 新井和也
p.32……ハチジョウチドリ
❶東京都伊豆諸島 1996.4.28 松岡
❷同 2004.5.3 松岡
❸同 2009.5.24 松岡
p.33……オオバノトンボソウ
❶❸東京都青梅市 2005.7.18 中山
❷山口県秋吉台 2002.7.13 鷹野
p.34……ハチジョウツレサギ
❶❸東京都伊豆諸島 1998.5.1 中山
❷同 1996.5.19 松岡
p.35……ソハヤキトンボソウ
❶宮崎県日之影町 2010.5.30 斎藤政美
❷❸同 2008.5.25 斎藤政美
p.36……トンボソウ
❶山梨県山中湖村 1998.8.8 中山
❷静岡県 1993.9.5 鷹野
❸同左 1998.8.2 中山
p.37……ウチョウラン
❶東京都奥多摩町 1998.6.20 中山
❷同 2003.6.21 中山
❸石川県白山市 2011.7.10 中山
p.38……アワチドリ
❶千葉県清澄山 1998.6.27 松岡
p.38……クロカミラン
❶佐賀県黒髪山 2013.6.2 鷹野

p.38……サツマチドリ
❶鹿児島県 2013.6.17 鷹野
p.39……ウチョウランの群落
東京都奥多摩町 1998.6.20 中山
p.40……ベニシュスラン
❶東京都青梅市 1997.7.16 中山
❷千葉県清澄山 1996.8.17 中山
❸徳島県海部郡 1988.8.20 鷹野
p.41……ツユクサシュスラン
❶東京都伊豆諸島 1996.9.28 松岡
❷同 1991.10.5 中山
❸同 2005.10.4 中山
p.42……アケボノシュスラン
❶北海道江別市 1997.8.31 松岡
❷千葉県清澄山 1993.10.2 中山
❸千葉県清澄山 1989.10.10 中山
p.43……ハチジョウシュスラン
❶東京都伊豆諸島 1993.9.18 鷹野
❷同 1996.9.28 松岡
❸同 2005.10.4 中山
p.44……シュスラン
❶千葉県房総半島南部 2010.9.26 松岡
❷千葉県房総半島南部 1993.9.23 中山
❸長崎県対馬 2007.9.30 松岡
p.45……シュスランの群落
東京都伊豆諸島 1990.9.23 松岡
p.46……ミヤマウズラ
❶❷千葉県房総半島南部 2010.9.26 松岡
❸山梨県富士山麓 1986.8.31 鷹野
p.47……ヒメノヤガラ
❶神奈川県湘南地方 2007.7.8 松岡
❷千葉県清澄山 1995.7.20 中山
❸千葉県清澄山 1998.7.7 中山
p.48……ヤクシマアカシュスラン
❶東京都伊豆諸島 1989.9.24 松岡
❷同 1993.9.18 鷹野
❸沖縄県沖縄島 2005.1.10 鷹野
p.49……オオハクウンラン
❶❸東京都伊豆諸島 1999.7.24 松岡
❷同 2003.7.26 鷹野
p.50……ハクウンラン
❶東京都青梅市 1999.7.23 中山
❷神奈川県箱根町 1997.8.23 中山
❸栃木県日光市 1991.8.13 松岡
p.51……ハツシマラン

❶福岡県 2003.7.31 松岡
❷❸福岡県 2004.7.23 鷹野
p.52……カゲロウラン
　❶❷東京都伊豆諸島 1990.9.23 松岡
　❸高知県室戸市 1988.9.15 鷹野
p.53……ネジバナ
　❶北海道様似郡 1990.8.19 鷹野
　❷千葉県山武市 1989.6.24 松岡
　❸石川県金沢市 2014.7.5 中山
p.54……コオロギラン
　❶高知県 1990.9.2 松岡
　❷❸高知県 1989.9.3 鷹野
p.55……ニラバラン
　❶高知県 1991.5.4 松岡
　❷東京都伊豆諸島 2008.5.12 松岡
　❸鹿児島県奄美大島 2005.4.11 中山
p.56……キンラン
　❶東京都府中市 1992.5.4 松岡
　❷東京都八王子市 2000.5.2 中山
　❸東京都府中市 1999.5.1 中山
　❹東京都日野市 2006.5.5 鷹野
p.57……キンラン
　シロバナキンラン：神奈川県横浜市 2013.4.27 新井和也
　ツクバキンラン（2点とも）：茨城県つくば市 2008.4.30 佐藤絹枝
　アルビノ個体：神奈川県横浜市 2013.4.27 新井和也
　葉が斑入りになった個体：神奈川県横浜市 2013.4.27 新井和也
p.58……ギンラン
　❶愛媛県石鎚山麓 1998.5.4 松岡
　❷東京都あきる野市 1998.4.30 中山
　❸東京都日野市 2006.5.5 鷹野
p.59……ササバギンラン
　❶東京都府中市 1992.5.4 松岡
　❷東京都調布市 1995.5.9 中山
　❸長野県 2010.6.10 新井和也
p.60……クゲヌマラン
　❶神奈川県三浦半島 2010.5.1 松岡
　❷❸東京都立川市 2011.5.3 新井和也
　❹東京都八王子市 2005.5.7 中山
p.61……ユウシュンラン
　❶北海道江別市 1993.6.14 松岡
　❷広島県廿日市市 2003.5.18 中山
　❸長野県 2008.5.28 新井和也

p.62……エゾスズラン
　❶❸神奈川県藤沢市 1998.6.6 中山
　❷北海道夕張岳 1990.7.28 中山
p.63……カキラン
　❶静岡県 1987.6.14 松岡
　❷東京都町田市 1998.6.18 中山
　❸同 2003.6.15 中山
p.64……イソマカキラン
　❶鹿児島県奄美大島 2006.6.11 鷹野
　❷❸同 1998.5.24 山下
p.65……タンザワサカネラン
　❶❷神奈川県丹沢 2011.6.26 松岡
　❸福島県 2013.6.29 松岡
p.66……ツクシサカネラン
　韓国済州島 2008.5.24 遊川
p.67……ヒメフタバラン
　❶千葉県清澄山 1993.3.14 松岡
　❷東京都高尾山 1994.4.10 中山
　❸神奈川県相模原市 2011.4.20 新井和也
　❹千葉県清澄山 1993.3.13 松岡
p.68……ムカゴサイシン
　❶千葉県清澄山 1992.6.13 松岡
　❷栃木県日光市 2003.6.29 中山
　❸千葉県清澄山 1992.8.22 松岡
p.69……タシロラン
　❶神奈川県小田原市 1999.7.10 中山
　❷神奈川県三浦半島 1986.7.13 松岡
　❸同 1995.7.9 鷹野
p.70……オニノヤガラ
　❶東京都八王子市 1995.6.10 松岡
　❷東京都武蔵野市 1997.5.30 中山
　❸青森県下北半島 1997.7.13 松岡
p.71……アオテンマ
　❶東京都八王子市 2007.6.14 鷹野
　❷同 1996.6.9 中山
　❸同 1998.5.24 中山
p.72……シロテンマ
　❶❷東京都八王子市 2009.7.4 松岡
　❸同 2009.7.4 鷹野
p.73……ナヨテンマ
　❶千葉県山武市 2006.6.24 松岡
　❷同 2006.6.24 鷹野
　❸同 2005.7.6 鷹野
p.74……アキザキヤツシロラン
　❶神奈川県鎌倉市 1994.10.8 中山

129

❷東京都八王子市 2010.10.11 新井和也
❸静岡県磐田市 1986.10.5 鷹野
p.75……**クロヤツシロラン**
❶静岡県磐田市 1984.10.14 鷹野
❷東京都八王子市 2005.9.10 中山
❸神奈川県三浦半島 1999.10.6 鷹野
p.76……**ハルザキヤツシロラン**
❶東京都伊豆諸島 2001.5.12 松岡
❷同 1996.5.11 中山
❸和歌山県西牟婁郡 1988.5.29 鷹野
p.77……**ヒトツボクロ**
❶山梨県韮崎市 1987.7.4 鷹野
❷長野県 1992.6.28 松岡
❸東京都八王子市 2003.6.1 中山
p.78……**サイハイラン**
❶群馬県大峰山 1985.6.9 松岡
❷東京都八王子市 1995.6.3 中山
❸同 1986.6.8 中山
❹北海道江別市 1993.6.14 松岡
p.79……**サイハイランの群落**
千葉県清澄山 1989.5.28 松岡
p.80……**キバナノショウキラン**
❶神奈川県丹沢 2005.7.2 松岡
❷❸東京都八王子市 2005.7.2 中山
p.81……**ギボウシラン**
❶❷東京都伊豆諸島 1996.7.13 鷹野
❸同 1996.7.13 松岡
p.82……**ジガバチソウ**
❶富士山麓 1987.6.14 松岡
❷徳島県 2010.7.4 松岡
❸山梨県櫛形山 1979.6.24 鷹野
p.83……**クモキリソウ**
❶山梨県鳳凰山麓 1991.6.30 松岡
❷❸東京都高尾山 1994.6.23 中山
p.84……**ササバラン**
❶❷鹿児島県奄美大島 1998.6.6 山下
❸同 1992.7.4 松岡
p.85……**ササバランの群落**
鹿児島県奄美大島 1992.7.4 松岡
p.86……**コクラン**
❶千葉県山武市 2010.7.2 松岡
❷高知県安芸郡 2011.7.14 鷹野
❸神奈川県真鶴町 1996.7.5 中山
p.87……**ヨウラクラン**
❶❷千葉県山武市 1987.5.30 松岡
❸千葉県清澄山 1989.6.4 鷹野
p.88……**マメヅタラン**
❶千葉県清澄山 1988.6.12 松岡
❷同 1989.6.4 松岡
❸東京都奥多摩町 1993.6.28 中山
p.89……**マメヅタランの群落**
東京都奥多摩町 1998.5.30 中山
p.90……**ムギラン**
❶岐阜県 1990.6.24 松岡
❷静岡県 1987.6.14 松岡
❸東京都 1996.6.23 中山
p.91……**ミヤマムギラン**
❶❷徳島県海部郡 1988.7.24 鷹野
❸鹿児島県屋久島 2008.7.13 松岡
p.92……**セッコク**
❶和歌山県東牟婁郡 1989.4.29 鷹野
❷千葉県 1988.5.22 松岡
❸❹東京都高尾山 2011.6.7 新井和也
p.93……**セッコクの群落**
東京都奥多摩町 2003.6.7 中山
p.94……**キバナノセッコク**
❶❷❸高知県 1990.7.16 松岡
p.95……**シラン**
❶山梨県富士川流域 1991.5.11 松岡
❷埼玉県長瀞町 2003.5.25 中山
❸山口県秋吉台 2003.5.10 鷹野
p.96……**キリシマエビネ**
❶長崎県対馬 2003.5.4 松岡
❷東京都伊豆諸島 2005.5.2 中山
❸鹿児島県薩摩半島 1994.4.30 松岡
p.97……**タガネラン**
❶❸大分県 1994.6.12 鷹野
❷同 1994.6.12 松岡
p.98……**キエビネ**
❶❸長崎県対馬 2003.5.4 松岡
❷山口県 2003.5.10 鷹野
p.99……**エビネ**
❶東京都八王子市 2000.5.13 松岡
❷東京都あきる野市 2003.5.2 中山
❸東京都あきる野市 2004.5.1 中山
❹千葉県山武市 1979.5.13 鷹野
p.100……**ニオイエビネ**
❶❷❸東京都伊豆諸島 2000.5.6 松岡
p.101……**サクラジマエビネ**
❶鹿児島県栽培 1981.5.3 山田達朗
❷鹿児島産栽培　三橋俊治

❸鹿児島産栽培　石田源次郎

p.102……ナツエビネ
❶❷千葉県清澄山 1998.8.9 中山
❸同 1996.8.17 中山

p.103……ヒゴ
❶❷鹿児島県薩摩半島 2006.4.29 松岡

p.104……ヒゼン
❶❷東京都伊豆諸島 2002.4.28 松岡

p.105……コウヅ
❶❷❸東京都伊豆諸島 2000.5.6 松岡

p.106……タカネ
❶長崎県長崎市 2008.5.2 松岡
❷鹿児島県薩摩半島 1994.4.30 松岡
❸❹山口県 2003.5.10 鷹野

p.107……アキザキナギラン
❶❷❸鹿児島県奄美大島 2004.10.7 山下

p.108……シュンラン
❶東京都青梅市 2006.4.2 中山
❷東京都 2006.4.4 新井和也
❸東京都青梅市 2004.4.3 中山

p.109……シュンラン
ホソバシュンラン：高知県安芸市 2009.3.24 竹内久宜
ホソバシュンランの花：高知県安芸市 2012.4.13 鷹野
黄色の強い個体：東京都青梅市 2006.3.25 中山
色の淡い個体：同 2003.3.29 中山
萼片に赤みの強い個体：同 1998.4.5 中山

p.110……スルガラン
❶長崎県天草産栽培 / 三橋俊治
❷栽培 / 石田源次郎

p.111……カンラン
❶徳島県 1992.11.23 松岡
❷同 1992.11.23 鷹野
❸高知県 2005.11.20 鷹野

p.112……マヤラン
❶東京都武蔵野市 1996.7.21 中山
❷同 1997.7.15 中山
❸千葉県房総半島南部 1988.7.24 松岡

p.113……ナギラン
❶神奈川県横須賀市 1998.7.12 中山
❷同 2000.7.23 中山
❸高知県安芸郡 2011.7.14 鷹野
❹神奈川県横須賀市 1998.7.12 中山

p.114……サガミラン
❶❷東京都武蔵野市 1996.7.18 中山
❸遊川

p.115……マツラン
❶千葉県清澄山 1992.4.11 松岡
❷東京都奥多摩町 2004.4.24 中山
❸山梨県富士山 1997.5.31 鷹野

p.116……カシノキラン
❶千葉県清澄山 1988.8.8 松岡
❷同 1993.8.22 鷹野
❸沖縄県西表島 2008.8.25 鷹野

p.117……カシノキランの群落
千葉県清澄山 1997.8.6 中山

p.118……モミラン
❶岐阜県恵那郡 1989.3.21 鷹野
❷東京都奥多摩町 1996.4.23 中山
❸同 1997.4.19 中山

p.119……ムカデラン
❶❷埼玉県秩父市 1994.8.2 中山
❸静岡県浜松市 2011.8.12 新井和也
❹静岡県磐田郡 1993.8.13 鷹野

p.120……クモラン
❶千葉県清澄山 1988.7.24 松岡
❷千葉県山武市 1996.7.20 鷹野
❸東京都青梅市 1993.8.7 中山

p.121……カヤラン
❶千葉県清澄山 1988.4.30 松岡
❷東京都 2003.5.4 中山
❸東京都 2000.5.13 中山

p.122……フウラン
❶高知県 1991.7.13 松岡
❷千葉県鴨川市 1998.7.7 中山
❸京都府丹後半島 2010.7.25 鷹野

p.123……フウランの群落
千葉県鴨川市　1998.7.7 中山

和名索引

※細字は別名もしくは文中紹介

ア

アオジガバチソウ	82
アオズラン	62
アオテンマ	71
アオバナヨウラクラン	87
アオモジズリ	53
アオヨウラクラン	87
アキザキナギラン	107
アキザキヤツシロラン	74
アキネジバナ	53
アケボノシュスラン	42
アマナラン	95
アリサンヨウラクラン	87
アワチドリ	38
アワムヨウラン	11
イイヌマムカゴ	27
イセラン	50
イソマカキラン	64
イトザキトキソウ	13
イヨトンボ	19
イワチドリ	17
ウスキムヨウラン	8
ウスギムヨウラン	8
ウチョウラン	37
ウブゲオニノヤガラ	71
エゾギンラン	60
エゾスズラン	62
エビネ	99
エンシュウムヨウラン	9
オオキリシマエビネ	100
オオシマシュスラン	43
オオスミキヌラン	52
オオハクウンラン	49
オオバナヤマサギソウ	29
オオバノトンボソウ	33
オオミズトンボ	20
オクシリエビネ	102
オニノヤガラ	70

カ

カキラン	63
カゲロウラン	52
カシノキラン	116
カツウダケエビネ	99
カヤラン	121
カンラン	111
キイムヨウラン	7
キエビネ	98
キバナウスキムヨウラン	8
キバナエンシュウヨウラン	9
キバナカキラン	63
キバナクマガイソウ	14
キバナノショウキラン	80
キバナノセッコク	94
キバナミヤマギラン	91
ギボウシラン	81
キリシマエビネ	96
キンラン	56
ギンラン	58
クゲヌマラン	60
クマガイソウ	14
クモキリソウ	83
クモラン	120
クロカミラン	38
クロムヨウラン	10
クロヤツシロラン	75
コウヅ	105
コウヅエビネ	105
コウトウアマナラン	95
コオロギラン	54
コキリシマエビネ	96
コクラン	86
コラン	110

サ

サイハイラン	78
サガミラン	114

サガミランモドキ	114	ツレサギソウ	28
サギソウ	**23**	**トキソウ**	**13**
サクラジマエビネ	**101**	トクノシマエビネ	99
ササバギンラン	**59**	**トンボソウ**	**36**

ナ

ササバラン	**84**	ナガバヒメフタバラン	67
サツマ	106	ナギノハヒメカンラン	111
サツマチドリ	**38**	**ナギラン**	**113**
サワトンボ	20	**ナツエビネ**	**102**
ジガバチソウ	**82**	**ナヨテンマ**	**73**
ジジババ	108	ナンカイシュスラン	41
ジャコウチドリ	26	**ニイジマトンボ**	**18**
シュスラン	**44**	**ニイタカチドリ**	**25**
シュンラン	108	**ニオイエビネ**	**100**
シラン	**95**	**ニラバラン**	**55**
シロテンマ	**72**	**ヌスビトノアシ**	**70**
シロバナアケボノシュスラン	**42**	**ネジバナ**	**53**
シロバナウチョウラン	**37**	ノヤマトンボ	33

ハ

シロバナキンラン	**57**	**ハクウンラン**	**50**
シロバナシラン	**95**	**ハシナガヤマサギソウ**	**29**
シロバナトキソウ	**13**	ハチジョウアイノコチドリ	32
シロバナモジズリ	**53**	**ハチジョウシュスラン**	**43**
スイショウ	100	**ハチジョウチドリ**	**32**
スケロクラン	5	**ハチジョウツレサギ**	**34**
スズキサギソウ	21	**ハツシマラン**	**51**
スルガラン	**110**	ハマカキラン	62
セッコク	**92**	ハルカンラン	111
ソノエビネ	106	**ハルザキヤツシロラン**	**76**
ソハヤキトンボソウ	**35**	ヒゲナガトンボ	24

タ

タイトントンボソウ	35	**ヒゴ**	**103**
タイワンクマガイソウ	14	ヒゴエビネ	103
タカネ	**106**	ヒスイアキザキヤツシロラン	74
タカネエビネ	106	**ヒゼン**	**104**
タガネラン	**97**	ヒゼンエビネ	104
ダケトンボ	24	ヒタチクマガイソウ	14
タシロラン	**69**	**ヒトツボクロ**	**77**
タンザワサカネラン	**65**	ヒトツボクロモドキ	77
ツクシサカネラン	**66**	**ヒナラン**	**16**
ツクシチドリ	25	**ヒメジガバチソウ**	**82**
ツクバキンラン	**57**	**ヒメノヤガラ**	**47**
ツシマニオイシュンラン	108	**ヒメフタバラン**	**67**
ツチアケビ	**4**		
ツユクサシュスラン	**41**		

ビロードラン	44
フイリヒメフタバラン	67
フウラン	122
フナシミヤマウズラ	46
ベニカヤラン	115
ベニシュスラン	40
ベニマメヅタラン	88
ベニバナヨウラクラン	87
ホクリクムヨウラン	6
ホクロ	108
ホシガタナギラン	113
ホシナシベニカヤラン	115
ホソバシュンラン	109

マ

マイサギソウ	30
マツダエビネ	97
マツラン	115
マメヅタラン	88
マヤラン	112
ミクラトンボソウ	33
ミズチドリ	26
ミズトンボ	21
ミドリヒメフタバラン	67

ミドリムヨウラン	12
ミヤマウズラ	46
ミヤマムギラン	91
ムカゴサイシン	68
ムカゴソウ	22
ムカゴトンボ	24
ムカデラン	119
ムギラン	90
ムヨウラン	5
ムライラン	50
ムロトムヨウラン	10
モジズリ	53
モミラン	118

ヤ

ヤエヤマスケロクラン	5
ヤクシマアカシュスラン	48
ヤクシマネジバナ	53
ヤクムヨウラン	10
ヤブエビネ	99
ヤマサギソウ	31
ユウシュンラン	61
ヨウラクラン	87

主な参考文献

『Genera Orchidacearum 1–6』(Oxford University Press,1999–2014)
『日本ラン科植物図譜』中島睦子 , 大場秀章（文一総合出版 ,2012）
『野生ラン』橋本 保 , 神田 淳 , 村川博実（家の光協会 ,1991）
『日本の野生植物 草本 I 単子葉類』佐竹義輔ほか（平凡社 ,1982）
『原色日本のラン―日本ラン科植物図譜』前川文夫（誠文堂新光社 ,1971）
『エビネとその仲間』伊藤五彦 , 唐沢耕司（誠文堂新光社 ,1969）
『原色日本植物図鑑 草本篇 III 単子葉類 』北村四郎 , 村田 源（保育社 ,1964）

あとがき

　生物の名前と分類は、自然科学の礎となる情報であるとともに、コミュニケーションの道具として人間のあらゆる活動に深く関わります。この点から「安定性」は生物のネーミングの要件ですが、いま、歴史上最大の変革を迎えています。DNA の情報を使って生物の類縁のまとまりや進化の歴史を高い精度で推定できるようになったことと、情報科学の発展でデータの蓄積と共有化が進んだことが大きな理由です。ランも例外ではなく、数多くの学名の変更が提唱されてきました。ところが、新しい報告にも誤りは多く、書き手による見解の違いもあります。こうした中、科学的な正確さと安定性を兼ねそなえた名前と分類を使うよう努めました。

　けれども調べれば調べるほどに新しい問題が出てきます。日本の生物多様性、殊に多くの専門家に興味を持たれてきたランなどは、もう十分に調べられているように思われがちですが、いまだ謎だらけです。「謎だらけ」とは、研究テーマがいくらでもあるということに他なりません。これからも皆様といっしょになぞ解きを楽しんでいきたいと思います。本書を手に取られた方々の、今後の調査・研究に期待するところ大です。

　最後になりましたが、種の特徴と自生地の環境をあますことなく捉えた写真を提供してくださった方々と、ご助言いただいた方々のご協力なくして本書は生まれませんでした。記してお礼申し上げます。

著者

■解説
遊川知久(ゆかわ・ともひさ)
　1961年、広島県生まれ。国立科学博物館筑波実験植物園主任研究官。専門はラン科を中心とした植物の多様性の研究。

■写真
中山博史(なかやま・ひろし)
　1958年、岡山県生まれ。写真家。野生動植物、特に野生ランと野鳥を中心に石川県をベースに撮影している。

鷹野正次(たかの・まさじ)
　1950年、静岡県生まれ。植物写真家。野生植物全般を対象に日本中を撮影している。

松岡裕史(まつおか・ひろし)
　1955年、長崎県生まれ。植物写真家。電機メーカ勤務のかたわら、希少植物を中心に日本中を撮影している。

山下 弘(やました・ひろし)
　1951年、鹿児島県生まれ。植物写真家。奄美の植物を対象に自然ガイドや撮影をしている。著書に『奄美の野生蘭』、『奄美の絶滅危惧植物』など。ウェブサイト http://wadatsumi.sakura.ne.jp/

■写真協力(五十音順・敬称略)
　新井和也、石田源次郎、斎藤政美、佐藤絹枝、竹内久宜、三橋俊治、八木正徳、山下仁左衛門、山田達朗

■執筆協力
　中山博史、鷹野正次、松岡裕史

■協力
　末次健司

編集／椿 康一